核工程检测技术及其应用实践

朱一伟　陈龙泉　汪　坤　著

U0304599

黑龙江科学技术出版社

图书在版编目（CIP）数据

核工程检测技术及其应用实践 / 朱一伟, 陈龙泉,
汪坤著. -- 哈尔滨：黑龙江科学技术出版社, 2022.4（2023.1 重印）
ISBN 978-7-5719-1314-4

Ⅰ. ①核… Ⅱ. ①朱… ②陈… ③汪… Ⅲ. ①核工程
—检测 Ⅳ. ①TL

中国版本图书馆CIP数据核字(2022)第040718号

核工程检测技术及其应用实践
HEGONGCHENG JIANCE JISHU JIQI YINGYONG SHIJIAN

作　　者	朱一伟　陈龙泉　汪　坤	
责任编辑	陈元长	
封面设计	王　哲	
出　　版	黑龙江科学技术出版社	
地　　址	哈尔滨市南岗区公安街70-2号　邮编：150001	
电　　话	（0451）53642106 传真：（0451）53642143	
网　　址	www.lkcbs.cn www.lkpub.cn	
发　　行	全国新华书店	
印　　刷	三河市元兴印务有限公司	
开　　本	787mm×1092mm　1/16	
印　　张	14.25	
字　　数	211千字	
版　　次	2022年4月第1版	
印　　次	2023年1月第2次印刷	
书　　号	ISBN 978-7-5719-1314-4	
定　　价	48.00元	

【版权所有，请勿翻印、转载】

前　言

　　随着人们生活水平的提高，核技术应用作为综合性战略产业以其知识密集性、交叉渗透性、不可取代性、应用广泛性和高效益性受到了各国的高度重视。同时，辐射环境安全与防护问题也受到了社会的广泛关注。目前，我国核技术应用产业的发展取得了令人瞩目的成绩，研发水平和自主化能力不断提高。另外，放射性同位素与射线装置自被发现以来，就广泛应用于各个领域，在工业钴-60辐射源及加速器、安检产品等领域已经改变了依赖进口的局面，在加速器制造、放射性同位素制备等领域有着一定规模的生产能力。在公共健康、辐照加工、公共安全等领域，核技术的应用出现了迅速增长和明显加速趋势。目前，我国核技术应用已逐步形成产业化，市场规模不断扩大，为国民经济的发展做出了重要的贡献。

　　鉴于此，笔者撰写了《核工程检测技术及其应用实践》一书，本书从原子核物理反应与核能发展、核燃料与核工程材料分析、核工程测量及其质量指标、核动力装置系统及其运行等不同方面切入，重点论述核工程的压力检测技术与测量、核工程的流量检测技术与质量测定、核工程的温度检测技术及其运用、核技术工程的可持续发展与应用前景、核技术工程在不同领域中的应用实践。

　　本书结构体系合理，内容通俗易懂，在总结、研究、提炼的基础上，结合相关案例对核工程进行研究，具有重要的应用价值。

　　笔者在撰写本书的过程中，得到了许多专家学者的帮助和指导，在此表示诚挚的谢意。由于笔者水平有限，加之时间仓促，书中所涉及的内容难免有疏漏之处，希望各位读者多提宝贵意见，以便笔者进一步修改，使本书更加完善。

目　录

第一章 绪 论

第一节 原子核物理反应与核能发展

一、原子核物理反应

早在 20 世纪初，科学家就提出了原子的核式模型，即原子是由原子核和核外电子所组成的。从此以后，原子的研究就被分为两部分来处理：原子核是原子核物理学的主要研究对象；核外电子的运动构成了原子物理学的主要内容。原子和原子核是物质结构的两个层次，也是互相关联又完全不同的两个层次。

原子由原子核和核外电子组成，原子核带正电，核外被束缚的电子带负电，两者所带的电荷数相等、符号相反，因此原子本身呈电中性。原子核由质子和中子构成，质子和中子统称为核子，质子和中子是核子的两种不同形态。原子核中的质子数用 Z 表示，它等于原子序数和电荷数，中子数用 N 表示，则原子核的质量数 $A=Z+N$。原子核的基本性质通常是指原子核作为整体所具有的性质，它与原子核的结构及其变化有密切关系。

质子、中子和电子是所有原子的三个主要组成部分。各种原子的质量之所以不同，就是因为它们所包含的以上三种粒子的数目不同。质子数相同的原子和原子核具有相似的化学性质和物理性质，差别主要在它们的质量上，它们被称为同位素，如氘和氚就是氢的同位素。

原子的大小是由核外运动的电子所占的空间范围来表征的，可以设想为电子在以原子核为中心、距核非常远的若干轨道上运行。原子的半径约为 10^{-8} cm，50 万个原子排列在一起的长度相当于一根头发丝的直径。

原子核的质量远超过核外电子的总质量，因此原子的质量中心和原子核的质量中心非常接近。原子核的许多特性正是通过对原子或分子现象的观察

1

来确定的。但也有许多性质仅取决于原子或原子核，如物质的许多化学性质及物理性质基本上只与核外电子有关，而放射现象则主要归因于原子核。

在无外界影响的前提下，原子核自发地发生蜕变的现象称为原子核的衰变。衰变有多种形式，如 α 衰变、β 衰变、γ 衰变，还有自发裂变及发射中子、质子等过程。

核反应过程是原子核与原子核，或者原子核与其他粒子（如中子、γ 光子等）之间的相互作用所引起的各种变化，核裂变是核反应中的一种。一般情况下，核反应是以用一定能量的入射粒子轰击靶核的方式出现的。入射粒子可以是质子、中子、光子、电子、各种介子，以及原子核等。当入射粒子与原子核的距离接近飞米量级时，两者之间的相互作用就会引起原子核的各种变化，因而核反应是产生不稳定核的重要手段。

核反应实际上探讨的是两类问题：一是核反应运动学，它研究在能量、动量等守恒的前提下，核反应能否发生；二是核反应动力学，它研究参加反应的各粒子间的相互作用机制，进而研究核反应发生的概率。对于核反应可以从各种不同的角度进行分类，如按入射粒子的能量、出射粒子和入射粒子的种类等。

核聚变的理论依据是：两个轻核在一定的条件下聚合生成一个重核，同时伴有质量亏损。根据爱因斯坦的质能方程，聚变过程将会释放出巨大的能量。聚变能燃料可取自海水中蕴藏量极高的氢的同位素 —— 氘，每立方米海水中约含有 30 g 氘，1 g 氘完全聚变可产生相当于 8 t 煤燃烧产生的能量。因此，聚变能源是取之不尽、用之不竭的，是符合国际环保标准的清洁能源，是人类解决未来能源问题的根本途径之一。

聚变反应发生的条件是相当苛刻的，发生聚变反应的三个基本条件是劳森判据、能量得失相当判据和自持燃烧条件。由此三个基本条件可以归结出两方面的要求：首先，要求将氘、氚等离子体的温度加热到 10^8 K 以上；其次，要求等离子体的粒子密度与能量约束时间的乘积大于 4×10^{14} cm^{-3} · s。

二、核能的发展利用

原子核中潜藏着巨大的能量——核能。核能主要是指裂变能和聚变能，裂变能是铀等重元素的核分裂时释放出来的能量，聚变能是氘（$_1^2H$ 或 D）、氚（$_1^3H$ 或 T）等轻元素的核聚合时释放出来的能量。裂变能来自某些重元素的原子核的裂变，聚变能来自某些轻元素的原子核的聚合。核聚变比核裂变放出的能量更大[①]。

现在人们已经知道，太阳能实际上是太阳内部进行的核聚变产生的能量，本质上也是核能。我们现在利用的煤炭、石油、水力等能源，都是由太阳能转化而来的，而太阳的能量就是聚变能。至于地热资源，也是地心内放射性物质衰变所发出的能量。因此，人类利用和赖以生存的一切能源，都直接或间接来自核能。1942 年，世界上第一座人工反应堆的诞生，不仅在理论和实践上为裂变反应堆的发展奠定了基础，而且为核工业的兴盛开辟了道路。和平利用核能，从军用过渡到民用，是核能发展历史的必然趋势。

在反应堆内的裂变过程中，产生了大量的中子、γ 射线与 β 射线、放射性裂变产物和能量，因此反应堆在很多方面都能发挥作用。

（1）发电。电力是现代生活的物质基础，是衡量生活水平和工业化程度的重要标志。在核能对经济发展的贡献中，利用反应堆的热能来发电最为重要。

（2）推进动力。反应堆的裂变能产生大量热能，将其转变为机械能，可用作推进动力。舰船核动力推进的主要好处是续航力大，目前反应堆已成功地应用于核潜艇、核动力航空母舰、核动力破冰船和海上浮动核动力发电站。

（3）供热。利用反应堆产生的能量直接供热，有着十分广阔的市场。核能供热的主要应用是民用热水暖气、海水淡化、造纸、制糖等。

（4）中子源。反应堆是极强的中子源，它产生的中子数量比用其他方法得到的多得多，而且代价小。这使反应堆成为开展利用中子进行基础与应

---

①阎昌琪，丁铭. 核工程概论 [M]. 哈尔滨：哈尔滨工程大学出版社，2018：1-62.

用研究工作的一种重要工具。可研究的范围包括原子核物理、放射化学、凝聚态物理、材料科学、生物学、生命科学、反应堆物理和反应堆工程，特别是装有辐照回路的高通量工程试验堆，对于研究组成反应堆的各种燃料、材料、元件等在中子辐照下的结构与性能的变化，更是必不可少的工具。

（5）γ射线源。利用反应堆中的γ射线可进行辐射化学的研究，以及改善塑料性能、促进某些化学反应等辐射化工方面的应用。近年来，γ射线在医学方面的应用也有较大进展，利用γ射线治疗癌症的研究有很大突破。

（6）裂变产物。在反应堆中产生的裂变产物，是核工业中强放射性废物的来源，其处理过程相当复杂。但将裂变产物加以综合利用，可分离出多种有用的放射性同位素。

第二节　核燃料与核工程材料分析

核工程中用到的材料种类很多，反应堆是核工程中的典型设备，反应堆内使用的材料处在高温、高压、高中子通量和γ射线的辐照下，因此我们对反应堆内的材料有着特殊的要求。合理地选择反应堆材料是保证反应堆安全、可靠、经济的关键。在反应堆的发展过程中，对核燃料和堆内结构材料的研究和开发占有很大的比重。一些常规工程使用的材料在反应堆内不适用，因此必须开发一些新材料。大型的反应堆研究单位都投入了较大的精力去研究反应堆内的材料问题。

一、核燃料

在核工程中：核燃料一般是指 U、Pu、Th 和它们的同位素；易裂变燃料指燃料中易裂变的同位素，如 ^{235}U、^{233}U 和 ^{239}Pu 等。在易裂变燃料中，只有 ^{235}U 是自然界里存在的元素，^{233}U 是在反应堆内由 ^{232}Th 转换而来的，而 ^{239}Pu 是由 ^{238}U 转换而来的。在天然铀中，^{235}U 的富集度为 0.714 %，富集度大于此值的铀称为浓缩铀（或称富集铀）。只有重水慢化的加拿大重水铀反应堆和石墨慢化、气体冷却的反应堆具有足够低的寄生吸收，才可以使用天然铀作为燃料，所有其他反应堆都必须使用浓缩的燃料。对于轻水反应堆，一般要求燃料有 2 % ～ 6 % 的 ^{235}U 的富集度。

天然铀的主要成分是 ^{235}U 和 ^{238}U，铀的浓缩就是从天然铀中把 ^{238}U 分离出来，以增加 ^{235}U 的含量。^{235}U 和 ^{238}U 是同位素，它们的化学性质完全相同。无法用化学方法将两者分离，因为它们的质量数比较接近；用物理的方法也很难将它们分离，要把它们分开需要非常复杂的工艺。

尽管人们已经开发出很多种铀浓缩工艺，包括电磁分离、气动分离、激光分离和化学分离等，但商用规模的铀浓缩工艺只采用扩散工艺和离心工艺。两种工艺都使用 UF_6 气体，利用轻、重同位素之间的质量差别进行分离。

扩散工艺强迫 UF_6 通过一系列多孔膜，其孔的尺寸约为气体分子的平均自由程（约 10 nm）。含有 ^{235}U 的 UF_6 比含有 ^{238}U 的 UF_6 具有更高的通过孔膜的扩散率，因而通过阻挡层的数目也就更多。通过阻挡层的扩散与分子质量的平方根成反比，因而通过一层多孔膜的扩散差别是很小的，必须重复很多次才能得到希望的富集度（一般要 1 200 级才能获得 4 % 的 ^{235}U）。气体扩散厂需要大量的电力来驱动压缩机迫使气体通过多道多孔膜。

离心工艺的原理是在高速转筒内加入 UF_6，在转筒中旋转的 UF_6 气体承受着比重力大 10 倍的离心加速力，靠近转筒外径的压力比轴心处的压力大几百万倍。当把气体加速到转筒速度时，比较重的 $^{238}UF_6$ 分子比 $^{235}UF_6$ 分子有更多的量向转筒外壁运动。这样，就能从转筒周边抽出贫化铀（含 $^{238}UF_6$ 较多）气流，从转筒轴心抽出浓缩铀的气流。在一个离心阶段所达到的浓缩程度是一个扩散阶段所达到的浓缩程度的 2 倍，因而需要的总电量较少（约为扩散厂的 4 %）。然而，离心厂需要大量的旋转机械，维修的工作量大，因此离心工艺比扩散工艺用电少这一点要与更大的维修量相权衡。

通常使用的燃料分为以下三种类型。

（一）金属型燃料

金属型燃料包括金属铀和铀合金两种。金属铀的优点是密度高、导热性能好、单位体积内含易裂变核素多、易加工；缺点是燃料可使用的工作温度低，一般为 350 ~ 450 ℃，化学活性强，在常温下也会与水发生剧烈反应而产生氢气，在空气中会氧化，粉末状态的铀易着火，在高温下只能与少数冷却剂（如二氧化碳和氦）相容。

金属铀有三种不同结晶构造的同质异构体，分别为 α、β、γ 相铀。当温度低于 665 ℃时，金属铀以菱形晶格的 α 相形式存在，强度很大；当温度为 665 ~ 770 ℃时，金属铀变为正方晶格的 β 相，变脆；当温度超过 770 ℃时，金属铀变为体心立方晶格的 γ 相，变得很柔软，不坚固。金属铀的熔点为 1 133 ℃，沸点约为 3 600 ℃。

因为 α 相铀的物理和力学性能都具有各向异性，所以 α 相铀的机械和物理性质与晶粒的取向有关，在辐照下会发生明显的生长现象，在短时间内就会使燃料元件变形，表面起皱，强度降低。经高中子通量和 γ 射线辐照后，样品的轴向伸长可达到样品原始长度的 60 %。在辐照作用下，α 相铀单晶体沿一个方向发生膨胀，并沿另一个方向发生收缩。

金属铀在工作温度较高的情况下会发生气体肿胀，当工作温度大于 450 ℃时，肿胀比较严重，原因是裂变气体氪和氙在晶格中形成小气泡。气泡中充满裂变碎片，随燃耗的增加，气泡长大，使铀肿胀而导致包壳破损。氪和氙在 α 相铀中的溶解度很低，它们从铀的点阵中分离出来，分布到那些晶体点阵发生畸变的地方形成气泡。

金属铀燃料通常应用于天然铀石墨反应堆中，可用来生产钚。钚在 α 相铀中的溶解度可达 16 %，α 相铀仍保持着它的各向异性特性；钚在 β 相铀中的可溶解度为 20 %；钚在 γ 相铀中可以全部溶解。

在铀中添加少量合金元素，如钼、铬、铝、锆、铌、硅等，并进行适当热处理（淬火），能使铀稳定在 γ 相或 β 相，即使铀转变为 α 相，仍保持细晶粒的无序结构，从而改善某些机械性能。添加的合金元素形成各种细小的沉淀相，可以控制点缺陷行为和晶格尺寸变化。添加大量合金元素后，在辐照损伤及水腐蚀方面可以获得令人满意的燃料，但加入合金元素会使中子有害吸收增加，须采用富集铀。锆能较多地溶入 γ 相铀，并可阻滞其结构转变。因为锆的熔点高，中子吸收截面小，抗腐蚀性能好，铀在锆中的溶解度大，所以用于动力反应堆（以下简称"动力堆"）的只有铀-锆合金。

（二）陶瓷燃料

陶瓷燃料是指铀、钚、钍的氧化物、碳化物或氮化物通过粉末冶金的方法烧结成耐高温的陶瓷燃料。与金属铀相比，陶瓷燃料的优点是熔点高，热稳定和辐照稳定性好，化学稳定性好，与包壳和冷却剂材料的相容性好。陶瓷燃料的突出缺点是导热率低。

1. 非氧化物陶瓷燃料

非氧化物陶瓷燃料是指 UC、PuC 和 UN、PuN。碳化物燃料中所含的轻核较氧化物燃料少，使碳化物燃料具有较高的金属原子密度，在快中子反应堆（以下简称"快堆"）中使用它可以得到更高的增殖比。此外，UC 的热导率比 UO_2 的热导率大得多（前者约是后者的 5 倍），在用碳化铀作燃料的快堆内，即使在功率密度较高的情况下，燃料也不会熔化。在采用石墨包壳材料的高温气冷堆中，其他铀化合物都会与石墨产生化学反应生成碳化物，而 UC 是稳定的，因此它被用于氦气冷却的石墨堆中。

碳化物燃料的导热率高，因此多普勒系数比氧化物燃料低。而多普勒系数在多数事故情况下是保证反应堆副反应性反馈的主要因素，这给反应堆的设计带来了困难。这类燃料的缺点是在高温辐照下会发生严重肿胀。为了不使燃料的温度过高，通常用钠结合包壳和燃料。采用这种工艺又带来了新的问题，钠会把燃料中的碳迁移到包壳里面，使包壳碳化脆裂。减弱这种作用的办法是严格控制燃料中的碳与金属的比例。此外，在燃料中添加某些金属（如钼），也能起一定的稳定作用。

UC 的热导率高，在快堆中 UC 的最高温度为 1 500 ℃，因此裂变应力开裂较少发生，裂变气体不易释放。另外，裂变产物的碳化物不像氧化物那样会与包壳材料发生化学反应，从而避免了由此引起的燃料-包壳化学作用。但是，较高的铀密度和较多保持在燃料内的裂变气体会加剧燃料的肿胀和开裂，容易导致包壳破损。

氮化物有许多胜过碳化物的优点。例如，在温度低于 1 250 ℃的情况下，燃料和包壳的相容性较好，辐照引起的肿胀也不像碳化物那样严重。氮化铀的熔点高，热导率高，但是氮的中子俘获截面大，燃料循环的价格高。

2. 二氧化铀（UO$_2$）燃料

二氧化铀燃料是经二氧化铀粉末烧结而成的燃料。在所有核燃料中，UO$_2$ 的热导率最低，即使在孔隙率较低、非正化学比或存在氧化钆和有裂变产物生成时也是这样。在放于堆内并存在裂变内热源的情况下，这一低的热导率会引起燃料芯块内高温和很陡的温度梯度。由于氧化物的脆性和高的热膨胀率，在反应堆启动和停堆时芯块可能会开裂。由于大部分裂纹是径向的，只有少数裂纹垂直于半径，不影响热量从堆芯传向冷却剂。

燃料元件内裂变产物的出现使 UO$_2$ 产生轻度肿胀，它与燃耗大致呈线性关系。在超过临界燃耗时，肿胀率有显著增大。目前，在轻水反应堆中，UO$_2$ 燃料使用很广泛，对 UO$_2$ 燃料各方面性能的研究已经比较成熟。

3. 铀 - 钚混合陶瓷燃料

铀钚混合氧化物是 UO$_2$ 和 PuO$_2$ 的单相固溶体，其热物理性能和力学性能随 PuO$_2$ 的含量和氧与金属比的变化而有所差别。例如，热导率随 PuO$_2$ 含量的增加而降低，也随氧与金属比的减少而降低。铀钚混合氧化物的强度低于 UO$_2$，蠕变速率随氧与金属比的减少而提高。这种铀 - 钚混合陶瓷燃料用于快堆中 PuO$_2$ 的含量为 20 % ～ 25 %，用于热中子反应堆（以下简称"热堆"）中 PuO$_2$ 的含量为 3.55 % ～ 10.00 %。混合氧化燃料的优点是熔点高，与包壳和冷却剂的相容性好，燃耗在 10^5 MW·d/t 以下时，辐照稳定性好，能较好地保持裂变产物；缺点是金属原子密度低，存在氧的慢化作用，热导率低，高燃耗时肿胀严重。

（三）弥散型燃料

弥散型燃料是由含高浓缩燃料的颗粒弥散分布在金属、陶瓷或石墨基体中构成的燃料，它区别于早期反应堆所用的金属燃料，也不同于现在大多数动力堆中所用的 UO$_2$ 燃料。在弥散型燃料中，每一个核燃料颗粒都可以看作一个微小的燃料元件，基体起着包壳的作用。弥散型燃料的基本原理是把燃料颗粒相互隔离，使基体的大部分不被裂变产物损伤。因此，燃料颗粒能被包围或束缚住，允许达到比大块燃料更高的燃耗，能包容裂变产物，并保持与包壳间的良好热传导性能。另外，基体可以选择热导率高的材料，这样可以解决陶瓷燃料热导率低的问题。通过适当选择基体材料，可设计出一定性能的燃料，如选用铝作基体材料可获得高的热导率。对于研究性反应堆和试验性反应堆（以下简称"试验堆"）而言，弥散型燃料的板状元件能达到高燃耗和高的热导率是十分重要的，因为一般来说，这种反应堆都有高比功率的小堆芯。

弥散型燃料的优点是：①陶瓷燃料颗粒的尺寸及颗粒之间的距离均远大于裂变产物的射程，可使裂变产物造成的损伤局限于燃料颗粒本身及贴近它的基体材料，整体燃料基本上不受损伤，保持尺寸的稳定和原有的强度，因此可以达到很高的燃耗；②燃料和冷却剂之间基本没有相互作用的问题，减少了冷却剂回路被污染的可能性，而从燃料向冷却剂的传热是通过导热好的材料实现的；③弥散型燃料的各种性质基本上与基体材料相同，通常具有较高的强度和延性及良好的导热性能，耐辐照、耐腐蚀，并能承受热应力。弥散型燃料的缺点是基体所占的百分比大，吸收中子多，需要采用20％～90％的高富集铀颗粒。

二、核工程材料分析

（一）反应堆结构材料

由于反应堆的类型不同，它们所用的冷却剂和慢化剂种类也不一样，堆内的工作条件不同，所用的结构材料也有差别。一般来讲，反应堆的结构材料要有一定的机械强度、良好的辐照稳定性能、很高的热导率、较小的热膨胀系数。

反应堆的结构材料除有常规材料应具有的力学性能、耐腐蚀度和热导性外，还应具备抗辐照的特点，即要求辐照损伤引起的性能变化小。辐照损伤是指材料受载能粒子轰击后产生的点缺陷和缺陷团及其演化的离位峰、层错、贫原子区和微空洞及析出的新相等。这些缺陷引起的材料性能的宏观变化，称为辐照效应。辐照效应危及反应堆安全，是反应堆结构材料研究的重要内容，应该受到反应堆设计人员的关注。辐照效应包含了冶金与辐照的双重影响，即在原有的成分、组织和工艺对材料性能影响的基础上又增加了辐照产生的缺陷影响。

在反应堆内，射线的种类很多，但对金属材料而言，主要影响来自快中子。结构材料在反应堆内受中子辐照后产生的主要效应如下。

（1）电离效应。反应堆内产生的带电粒子和快中子撞出的高能离位原子与靶原子轨道上的电子发生碰撞，从而使电子跳离轨道的电离现象称为电离效应。从金属键特征可知，电离时原子外层轨道上丢失的电子，很快被金属中公有的电子补充，所以电离效应对金属性能影响不大。但对于高分子材料，电离会破坏它的分子键，对其性能变化的影响较大。

（2）嬗变效应。受撞原子核吸收一个中子变成另外原子的核反应称为嬗变效应。一般材料由热中子或在低通量下引起的嬗变效应较少，对性能影响不大。高通量的快中子对镍（n，α）的反应较明显，因此快堆燃料元件包壳使用奥氏体不锈钢会产生脆化问题。

（3）离位效应。碰撞时，若中子传递给原子的能量足够大，原子将脱离点阵节点而留下一个空位，称为离位效应。当离位原子停止运动而不能跳回原位时，便停留在晶格间隙之中形成间隙原子。堆内快中子引起的离位效应会产生大量初级离位原子，随之又产生级联碰撞，它们的变化行为和聚集形态是结构材料辐照效应的主要原因。

（4）离位峰中的相变。有序合金在辐照时转变为无序相或非晶态相，这是在高能快中子或高能离子辐照下，液态状离位峰快速冷却的结果。无序或非晶态区被局部淬火保存下来，随着通量的增加，这样的区域逐渐扩大，直到整个样品成为无序或非晶态。

1. 反应堆压力容器

反应堆压力容器是装载堆芯、支承堆内构件、阻止裂变产物和放射性外逸的重要设备。压力容器是反应堆中最大的、不可拆换的部件。对压力容器威胁较大的因素是钢材的辐照脆化，压力容器如果发生脆性断裂，就会产生爆炸性破坏，后果十分严重。由于压力容器工作条件具有特殊性，它的材料应具有如下性能：①强度高、塑性好、抗辐照、耐腐蚀，以及与冷却剂相容性好；②材质的纯净度高、偏析和夹杂物少、晶粒细、组织稳定；③容易冷热加工，包括焊接性能好和淬透性大；④成本低，有使用过的经历。2020年，我国反应堆压力容器投资规模约为 22.5 亿元，在我国核岛设备投资规模中占比最大，在 23 % 以上。2020 年 8 月，中华人民共和国国务院核准 4 台核电机组，我国核电产业规模仍在不断扩大。

2. 反应堆内构件

在水冷反应堆内，除燃料包壳外，几乎所有结构材料的材质都是不锈钢，只有少部分材料采用镍基合金。不锈钢在高温下具有良好的抗腐蚀性能和良好的机械性能，因此它不仅用于反应堆的结构材料，还用于与反应堆相连接的管路及设备。不锈钢的种类繁多、性能各异，按组织分类有奥氏体不锈钢、马氏体不锈钢、铁素体不锈钢等。不锈钢之所以不锈，主要是因为钢中含有大量铬（大于 12 %）。铬是钝化能力很强的元素，可使钢的表面生成一层致密牢固的氧化膜，并能明显提高铁的电位，从而能防止化学和电化学反应引起的腐蚀。铬与镍配合使用，能更有效地提高钢的耐腐蚀性。反应堆内结构材料使用的多是奥氏体不锈钢。奥氏体不锈钢与马氏体不锈钢相比，焊接性能较好。另外，奥氏体不锈钢的辐照敏感性比较低，铁素体和马氏体不锈钢的辐照敏感性比较高。奥氏体不锈钢的强度比较低，且不能通过热处理使其强化，但因为它的塑性好，加工硬化率大，所以可以通过冷加工提高强度。尽管奥氏体不锈钢具有优良的耐腐蚀性能，但因其经过了形变加工和焊接，以及处于敏感介质中，所以仍存在晶间腐蚀、应力腐蚀和点腐蚀等隐患。

3. 燃料元件包壳

燃料元件包壳是距核燃料最近的结构材料，它要包容燃料芯体和裂变产物，承受着高温、高压和强烈的中子辐照，同时包壳内壁受到裂变气体压力、腐蚀和燃料肿胀等危害，包壳的外表面受到冷却剂的压力、冲刷、振动、腐蚀及氢脆等威胁。为了使传热热阻不增大，一般燃料元件的包壳壁都很薄，一旦包壳破损，整个回路将被裂变产物污染。另外，包壳与其他结构材料不同，因为它在核燃料周围，所以要求它的中子吸收截面一定要小。在现有的金属材料中，铝、镁、锆的热中子吸收截面小、导热性好、感生放射性小、容易加工，因此被成功地用作燃料包壳的材料。不锈钢的热中子吸收截面较大，尽管它的其他性能较好，但一般不用作热堆燃料元件包壳材料。

（二）慢化剂与冷却剂材料

在热堆内，为使中子慢化，必须加慢化剂。而要将堆内的热量及时导出，所有的动力堆都必须有冷却剂。慢化剂和冷却剂是反应堆的重要组成部分，不同类型的反应堆需要不同的冷却剂，只有热堆才需要慢化剂。在水冷反应堆内，水既作慢化剂也作冷却剂。

1. 慢化剂

反应堆内裂变产生的中子都是快中子。在热堆内，需要把裂变中子慢化成热中子，因此热堆内必须有足够的慢化剂，以使裂变产生的快中子能够充分慢化成热中子，使裂变链式反应得以维持。对慢化剂的要求是：中子吸收截面小，质量数低，散射截面大；热稳定性及辐射稳定性好；传热性能好；密度高；价格便宜，容易加工。

在反应堆内还应有反射层，以使逸出的中子反弹回堆芯中，这样可减少中子损失，节省燃料消耗，减小堆芯临界体积，从而改善堆芯及其边界的中子流和功率分布，增大输出功率，提高反应堆的经济性。就中子慢化和反射层的作用而言，良好的慢化剂也是较好的反射层材料，因为二者都要求采用质量轻、中子散射截面大、吸收截面小的材料，以保证对中子多碰撞、少吸收，同时也能起到把泄漏的中子回弹到堆芯的作用。因此，慢化剂和反射层材料大多采用同一材料。例如，压水反应堆（以下简称"压水堆"）的水既是冷却剂又兼有慢化剂和反射层的作用。常用的慢化剂可分为两类：固体慢化剂和液体慢化剂。常用的固体慢化剂有石墨、铍及氧化铍等；液体慢化剂为普通水和重水。

2. 冷却剂

反应堆内核裂变释放的绝大部分能量以热量的形式出现，这些热量必须从反应堆内及时带出，否则堆芯温度会很快升高，使堆芯金属和燃料熔化。在水冷反应堆中，轻水和重水都可同时作为堆芯的冷却剂和慢化剂，而使用固体慢化剂的反应堆则必须采用另外的液体或气体作冷却剂。

对冷却剂性能的要求与反应堆类型有关，通常冷却剂必须具备以下特性：①中子吸收截面和感生放射性小；②沸点高、熔点低；③热容量高（密度和比热值大），泵送功率低；④热导率大；⑤有良好的热和辐照稳定性；⑥与系统其他材料相容性好；⑦价格便宜。

热堆还要求冷却剂的慢化能力强，快堆要求冷却剂的非弹性散射截面小。常用的液态冷却剂有轻水和液态金属（钠或钠钾合金等）；气态冷却剂有氦气和二氧化碳等。

（三）反应堆控制材料

1. 反应堆控制方式

在反应堆内使用的燃料要长期稳定地工作，它应满足以下要求：热导率高，以承受高的功率密度和高的比功率，而不产生过高的燃料温度梯度；抗辐照能力强，以达到高的燃耗；燃料的化学稳定性好，与包壳相容性好；熔点高，且在低于熔点时不发生有害的相变；机械性能好，易于加工。

（1）控制棒控制方式。控制棒是控制堆芯反应性的可动部件，它是由中子吸收材料和包壳材料（铪除外）制成的，并用控制棒驱动机构使其插入或抽出堆芯，以吸收中子的多少来控制裂变反应的强弱。因为控制棒的功能不同，所以可分为以下几种。

①补偿棒：最初全部插入堆内，当燃耗增大，裂变产物毒性和慢化剂温度效应等使反应性下降时，它逐渐抽出，释放被它抑制的剩余反应性，以补偿上述慢变化的反应性亏损。虽然它上移很慢，但控制能力大，能粗调功率。补偿棒也可用化学毒物控制来代替，如压水堆用的硼酸化学补偿控制。

②调节棒：主要用来补偿快的反应性变化，如功率升降、变工况时的瞬态氙效应，电网负荷变化时的快速跟踪等。所以，调节棒动作快，响应能力强，但反应性控制价值较小，适于功率细调。

③安全棒：供停堆用，它抑制反应性的能力除大于剩余反应性外，还应保持一定的停堆深度，尤其在发生事故时能紧急停堆，即落棒时间短。

由上可知，控制棒的优点是吸收中子能力强，控制速度快，动作灵活可靠，调节反应性精确度高。但伴随控制价值高的缺点是，控制棒对反应堆的功率分布和中子注量率的分布干扰大，影响运行品质。为克服此缺点，现多采用棒数多、直径小的棒束控制组件，可采用以化学补偿控制为主、控制棒为辅的控制方式，来改善压水堆运行品质，对首批装料的新元件还可配合使用可燃毒物控制。

控制棒的形状和尺寸与堆型有关。在石墨或重水慢化的反应堆中，一般采用粗棒或套管形式的控制棒；沸水反应堆（以下简称"沸水堆"）采用十字形控制棒；压水堆采用在燃料组件中插入棒束控制组件的方式。

（2）化学补偿控制方式。化学补偿控制是指在压水堆冷却剂中加入可溶性中子吸收剂硼酸，通过改变其浓度，实现控制反应性的控制过程。化学补偿控制的优点是硼酸随冷却剂循环，调整硼酸浓度可使堆芯各处的反应性变化均匀，不会引起堆芯功率分布的畸变，从而能提高平均功率密度，且调节方便，不占堆芯栅格位置，可省去驱动机构，减少堆顶开孔及其相应的密封，能提高结构安全和经济性。硼酸是弱酸，无毒，化学稳定性高，不易燃烧和爆炸，溶于水后不易分解，对冷却剂的 pH 影响小，不会增加主回路中材料的腐蚀速率。因此，化学补偿控制被压水堆广泛采用并作为重要的控制方法，其作用与补偿棒相同，皆是补偿一些慢变化的反应性亏损。例如，燃耗和裂变产物积累所引起的反应性变化，反应堆从冷态到热态（零功率）时慢化剂温度效应所引起的反应性变化，以及平衡毒性所引起的反应性变化。

化学补偿控制虽然有许多优点，但也有缺点。它只能控制慢变化的反应性，在一定条件下，有可能使反应堆出现正的反应性温度系数，导致反应性增加。当硼浓度高时，慢化剂反应性温度系数随硼酸浓度的升高而增加。这

14

是因为随着温度升高，水的密度减小，单位体积水中硼原子的核数也相应减少，使反应性增加，给反应堆正常运行带来威胁（可能超临界）。因为在反应堆工作温度区间（280 ～ 310 ℃），硼浓度大于 1.4×10^{-3} 才会出现正反应性温度系数，所以标准规定堆芯硼浓度应在 1.4×10^{-3} 以下，以保证反应堆慢化剂在运行过程中始终保持负的反应性温度系数，并称此为临界硼浓度。

（3）可燃毒物控制方式。所谓可燃毒物控制，是指随着堆芯剩余反应性下降，毒物（中子吸收剂）也随之消耗，且毒物消耗后所释放出的反应性与燃料燃耗所减少的剩余反应性基本相等。这种控制多用在剩余反应性比较大的轻水动力堆上。

要想延长堆芯寿期，加深元件燃耗，就必须在装料时加大剩余反应性。压水堆的初期反应性以化学补偿控制为主，但因首次装料的元件是新的，剩余反应性很大，若全依靠化学补偿，在控制溶液中增加硼浓度来抵制，很可能超过 1.4×10^{-3} 临界硼浓度，使反应性温度系数出现正值，这样是不符合安全要求的。为了既不超过临界硼浓度，又兼顾反应性控制，反应堆就需要添加固体可燃毒物。可燃毒物仅是在新装料时，为了控制最大剩余反应性而设置的，换料后已无必要，因为此后大部分是燃耗过的元件，燃料中产生的可燃毒物使剩余反应性明显减小。此时，残余毒物越少越好，否则会缩短堆芯燃料的使用寿命。

固体可燃毒物的作用与补偿棒和化学补偿控制相似。它们的区别是固体可燃毒物不需要外部控制，是自动进行的；共同点是它们都能够储备剩余反应性，使反应堆处于充分可调的控制状态，以便延长堆芯寿期和改善运行品质。

综上所述，在换料后，可燃毒物的残余量应尽可能少，因此除长寿的铪、铕等控制材料外，其他控制材料一般都能作为可燃毒物使用，常用的元素有硼和钆。前者多做成棒状或管状插进燃料组件中，后者多和燃料混合在一起。

早期压水堆曾采用硼不锈钢作可燃毒物棒，但由于硼燃耗后，留下的不锈钢棒仍有较大的中子吸收截面，这与可燃毒物的性能要求不符，后改为硼玻璃放在不锈钢或锆合金包壳管内作毒物棒。因为在堆芯寿期末，硼已基本耗尽，剩下的仅是吸收截面比较小的玻璃，所以它用在相同剩余反应性的堆芯中时，比用硼不锈钢作毒物棒的寿期长。

2. 控制棒材料要求

要想使反应堆安全可靠地连续运行，就必须使用控制棒，或将控制材料加入冷却剂，对反应堆的反应性进行补偿调节和安全控制。控制材料除了要能有效地吸收中子，还应具有以下性能：①不但本身的中子吸收截面大，其子代产物也应具有较大的中子吸收截面（可燃毒物除外），以增加控制棒的使用寿命；②材料对中子的 $1/v$ 吸收和共振吸收能域广，即对热中子和超热中子都有较强的吸收能力；③熔点高、导热性好、热膨胀系数小，使用时尺寸稳定，并与包壳相容性好；④中子活化截面小，含长半衰期同位素少；⑤强度高、塑性好、抗腐蚀、耐辐照。

对反应堆控制材料的选择主要根据工作温度、反应性的控制要求，以及材料性能综合考虑。由于工况和堆型不同，控制材料的种类很多，但大体可分为：①元素控制材料，如铪、镉等；②合金控制材料，如银 - 铟 - 镉合金；③稀土元素，如钆、铕等；④液体材料，如硼酸溶液。

3. 稀土控制材料

适合做反应堆控制材料的稀土元素有铕、钆和镝。铕适合做控制调节棒，在长期使用中其效率不会发生变化。俘获中子后，其在调节棒中所产生的核素也有很大的中子俘获截面。因此，氧化铕调节棒可长期有效地使用，但氧化铕的价格昂贵。钆和镝也有很大的中子吸收截面，适合做反应堆内的调节棒和控制棒。

（1）铕。铕属于亲氧元素，在自然界中无单质存在，多与铈组稀土元素一起，以氧化物的形式蕴藏在富含氧的氟碳铈镧矿、异性石矿、黑稀金矿与独居石矿中，也可多少不等地存在于其他稀土矿物里。金属铕呈银白色，密度和硬度较小，质地较软，延展性好，能抽成丝或轧成箔。铕在镧系元素中定压比热容最小，热膨胀系数最高；电阻率偏高，传热、导电能力较差；有顺磁性，−268.78 ℃以下有超导性。

铕的化学性质比较活泼。室温下，在干燥空气中氧化缓慢，在潮湿空气中氧化迅速，表面颜色变暗，但不能阻止进一步氧化。铕为碱性金属，不溶于碱，溶于稀酸。其与稀的硫酸、碳酸、硅酸、磷酸等反应，均能放出氢气，生成相对应的铕盐，其高价氧化物呈碱性，其水合物为碱性氢氧化铕。

（2）钆。钆属于亲氧元素，在自然界中无单质存在，最易与铈组稀土中的镨、铕、钐、钕一起，以氧化物的形式共生在富含氧的褐钇铌矿、氟碳铈矿、独居石矿与黑稀金矿里，也或多或少地存在于其他稀土矿物中。金属钆呈银白色，密度和硬度较低，质软如银，延展性好；电阻率很高，传热、导电能力较差，却有良好的超导性；具有强顺磁性，并具有磁致伸缩性。

钆的化学性质比较活泼。常温下，在干燥空气中氧化缓慢，在潮湿空气中金属表面变暗，生成的氧化膜容易脱落；可燃性强，升温至 300 ℃时在空气中燃烧，生成氧化钆，升温至 1 000 ℃以上时，在空气中燃烧生成氮化钆；与冷水反应缓慢，与热水反应迅速，但都能放出氢气，生成氢氧化钆；在高温条件下，能跟碳、氮、硫、磷、硅、卤素等许多非金属元素反应，生成稳定化合物，也能把活泼性差的两性金属单质从它们的化合物中置换出来。钆为碱性金属，不溶于碱，溶解在稀酸中放出氢气，生成相应的盐类，氧化物呈碱性，其水合物为碱性氢氧化钆。

（3）镝。镝属于亲氧元素，在自然界中无单质存在，常与钇组稀土混在一处，以氧化物形式蕴藏在富含氧的硅铍钇矿、独居石矿、氟碳铈镧矿与褐钇铌矿中，尤其是与钬十分亲密，也多少不等地存在于其他稀土矿物中。金属镝呈银白色，晶体结构类型为金属晶体、六方晶系；密度和硬度较小，有延展性；电阻率较高，传热、导电性稍差；有铁磁性，而且磁矩最大，在 −268.78 ℃以下有超导性。

镝的化学性质比较活泼。在空气中，常温下金属表面容易生成氧化膜；具有可燃性，加热条件下可以燃烧，300 ℃以上时生成 +3 价氧化物，1 000 ℃以上时生成 +3 价氮化物。与冷水反应缓慢，与热水反应强烈，但都能放出氢气，生成氢氧化镝。在温度较高时，可跟碳、氮、硫、磷、硅、卤素等大多数非金属化合。镝为碱性金属，与碱不反应，但溶于稀酸，与稀硫酸、盐酸、草酸、碳酸等均能反应，放出氢气，生成相应的镝盐。其氧化物呈碱性，水合物为碱性氢氧化镝。镝的化合物类型，主要是镝的非金属化合物、含氧酸盐和无氧酸盐。利用镝核的中子吸收能，可制作反应堆中的控制棒、补偿棒与安全棒。

第三节　核工程测量及其质量指标

核工程检测仪表是用于检测核岛及常规岛中有关参数的仪表，是保障核设备安全、可靠及经济运行的重要装备之一。核工程检测仪表的主要功能是检测核电站在启动、停闭和正常运行过程中的温度压力、流量、液位、中子通量、辐射剂量及机械量等参数，并为自动调节和控制这些参数，乃至整个系统运行过程提供精确可靠的信息，进而保证核电站的安全、可靠、正常运行。检测参数信号分别送往指示、记录、报警、控制、保护等计算机系统。大多数常规仪表可以用于反应堆参数检测，但应满足核电站检测的特殊环境和要求，主要应注意以下问题。

（1）仪表的量程与精度必须符合被测参数的指标要求，并考虑极端事故条件下的需要，用于安全保护的仪表，其响应速度必须满足保护系统的要求。

（2）那些在事故状态下仍然必须继续执行规定任务的仪表，必须能适应事故状态下的恶劣环境，如必须耐高压、耐高温、耐高辐照，以及必须维持一定的工作时间等。

（3）放入冷却剂管道内的探测器的任何元部件，均应不妨碍对管道的检修，使用的材料应与燃料元件和冷却剂相容。

（4）主冷却剂流量测量的方法应是最直接的，并且在整个运行范围内给出可靠的指示，选择的测量位置应能反映泵速与阀位变化所引起的流量变化。

（5）启动保护动作的热工参数测量应符合保护系统设计原则，如重复性、多样性、独立性、可试验性和可维修性等。

一、测量方法的分类

测量就是用实验的方法和专门的设备，取得某项需要确定其数量概念的参数（被测量）与定义其数值为 1 的同类参数（单位）的比值，它可用下式表达。

$$a \approx \frac{A}{U} \tag{1-1}$$

式中：A 为被测量；U 为选用的单位；a 为比值。

被测量的测得值为比值乘以单位，即 $a \cdot U$。式（1-1）取近似相等是因为任何测量都必然存在误差，测量方法和所用的设备都不可能是尽善尽美的。测量工作包括测量方法和测量设备的选择，以及测量数据的处理（确定误差的界限和测量结果的可靠程度）等。

测量方法的选择对测量工作是十分重要的，如果方法不当，即使有精密的测量仪器和设备，也不能得到理想的结果。测量方法的分类有许多种，应根据具体研究问题的不同而采用不同的分类方法。

（一）按测量方式分类

考虑测量的综合性能，确定测量方案或仪表的设计方案时，应按测量方式来分类。

（1）偏差式测量法。偏差式测量法是用测量仪表指针位移大小来表示被测量数值的方法，此法简单迅速，但不易获得较高的精度。用弹簧管压力表测量压力就是这种测量方法的例子。

（2）零位式测量法（补偿式测量法）。零位式测量法指用已知数值的标准量具与被测量直接进行比较，调整标准量具的量值，用指零仪表判断二者是否达到完全平衡（完全补偿），这时标准量具的数值即被测量的数值。例如，用天平称量就是零位式测量法。此法可以获得较高的测量精度，但操作麻烦，测量费时间。

（3）微差式测量法。微差式测量法是偏差法与零位法的结合。用量值接近被测量的标准量具与被测量进行比较，再用偏差式测量仪表指示两者的差值。被测量的值即标准量具的值与偏差式仪表的示值之和。此法精度较高且测量简单迅速。因为不用经常调整标准量具，而且偏差值小，从而提高了偏差式测量的精度。X 射线测厚仪就是应用这种方法的仪器的例子。测量前用标准厚度的钢板调零，测量时仪表指示的是被测钢板厚度的偏差值。这种测量方法可满足轧钢过程中钢板厚度测量既要测量迅速，又要精度高的要求[1]。

（二）按测量结果分类

按如何取得测量结果进行分类，测量方法有以下几种。

（1）直接测量法。用定度好基准量值的测量仪表对被测量直接进行测量，直接得到被测量的数值，如用压力表测量容器中气体的压力等，此法简单迅速。

（2）间接测量法。利用被测量与某些量具有确知的函数关系，用直接测量法测得这些有关量的数值，代入已知的函数关系式中算出被测量的数值。例如，在稳定流动的情况下，通过测量流过某截面流体的质量和时间来精确地测量流量，因为称重和计时都可以达到很高的精度。

（3）组合测量法。当被测量与直接测量的一些量不是一个简单的函数关系，需要求解一个方程组才能取得该值时采用组合测量法。

此外：按被测量在测量过程中的状态分类，可分为静态测量、动态测量；按测量条件相同与否分类，可以分为等精度测量、不等精度测量。

二、测量系统构成

一般而言，为了测量某一被测量的值，总是要将若干测量设备（测量仪表、装置、元件及辅助设备）按照一定的方式连接组合起来，即构成一种测量系统。例如，在测量蒸汽时，常用标准孔板来获取与流量有关的差压信号，然后将其送入差压变送器，经过转换和运算变成电信号，通过连接的导线将电信号送至显示仪表中，最后显示出被测流量值。

---

①夏虹. 核工程检测技术 [M]. 2 版. 哈尔滨：哈尔滨工程大学出版社，2017：1-11.

由于测量原理的不同或对测量准确度要求的不同，有可能形成的测量系统也有极大的不同。有的可能简单到只由一种测量仪表就可组成简单的测量系统，而有的则可能复杂到要用许多设备构成极其复杂的测量系统。例如，使用计算机对核电厂或热力发电厂各测点的工况参数进行采集与处理，这就是一个比较复杂的测量系统。测量系统是由测量环节组成的，所谓环节，即建立输入与输出两种量之间某种函数关系的基本部件。

（一）测量系统的敏感部件

敏感部件与被测对象直接发生联系，按照被测介质的能量，使其产生一个以某种方式与被测量有关的输出信号。敏感部件能够准确且快速地产生与被测信号相应的信号，对测量系统的测量质量有着决定性的影响。因此，严格地讲，对敏感部件的要求包括：第一，敏感部件的输入与输出应有确定的单值函数关系；第二，敏感部件应只对被测量的变化敏感，而对其他一切非被测的信号（包括干扰噪声信号）不敏感；第三，敏感部件应该不影响或尽可能不影响被测介质的状态。

但是，完全符合上述三个要求的敏感部件实际上是不存在的。例如：对于第二个要求，只能通过限制无用的非被测信号在全部信号中的份额，并采用试验或理论计算的方法将它消除来解决；对于第三个要求，则只能通过改进敏感部件的结构、原理、性能来解决。这些均属于传感技术研究的范畴。

（二）测量系统的变换部件

敏感部件输出的信号一般与显示部件所能接收的信号有所差异，甚至差异很大，这是因为前者所输出的信号与后者所能接收的信号往往属于两种性质不同的物理量。因此，有必要在敏感部件输出的信号送往显示部件之前对其进行适当的变换，这就是变换部件所起的作用。信号变换包含以下可能的形式。

（1）对信号的物理性质进行变换，即将一种物理量变换为性质上完全不同的另一种物理量，如从非电量变换成电量。

（2）对信号的数值进行变换，即依据某种特定的规律在数值上使某种

21

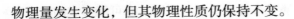

物理量发生变化，但其物理性质仍保持不变。

（3）以上两者兼而有之。

仍以上述标准孔板测量蒸汽流量系统为例。差压变送器为该测量系统的变换部件，当它接收到敏感部件（标准孔板两侧取压孔）输出的信号值时，先将其转换成与被测流量的平方成正比的电信号，再将该电信号在数值上开平方，最后通过传输电缆输送给显示部件。这就是标准孔板测量蒸汽流量系统中变换部件的作用。

（三）测量系统的传递部件

简单来说，传递部件就是传输信号的通道。一般情况下，测量系统的各个环节都是相互分离的，这就需要用传递部件来联系。传递部件可以是导管、导线、光导纤维或无线电通信等，这由被传送信号的物理性质决定，有时可能很简单，有时可能相当复杂。例如，在标准孔板测量蒸汽流量系统中，标准孔板输出的差压信号靠导管传送到差压变送器中，而差压变送器输出的电信号靠导线传送到显示部件中。

（四）测量系统的显示部件

显示部件将被测量的信号以某种形式显示给观测者记录，甚至还有调节的功能。在电气显示部件中，有模拟显示（模拟显示仪表通过指针、液面、光标或图形等形式，反映被测量的连续变化）、数字显示（数字显示仪表用数字量显示出被测量值的大小）与屏幕显示（屏幕显示仪表通过液晶屏或CRT 显示屏以图形、数字等多种形式显示被测量的大小）之分。

三、测量误差及其分类

测量的目的是通过测量获取被测量的真实值。但仪表本身性能还不够优良，测量方法还不完善，以及受外界干扰的影响等，都会造成被测参数的测量值与真实值不一致，二者不一致的程度用测量误差来表示。测量误差就是测量值与真实值之间的差值，它反映了测量的质量。

测量的可靠性至关重要，不同场合对测量结果可靠性的要求也不同。例如，在量值传递、经济核算、产品检验等场合应保证测量结果有足够的准确度。当测量值用作控制信号时，要注意测量的稳定性和可靠性。因此，测量结果的准确程度应与测量的目的和要求相联系、相适应，那种不惜工本、不顾场合，一味追求越准越好的做法是不可取的，要有技术与经济兼顾的意识。

根据测量数据中的误差所呈现的规律，将误差分为三种，即粗大误差、随机误差和系统误差。这种分类方法便于测量数据的处理。

（1）粗大误差。测量结果显著偏离被测量的实际值所对应的误差，称为粗大误差。这种误差严重歪曲测量结果，故应通过理论分析或统计学方法发现并舍弃不用。

（2）随机误差。对某被测量进行多次等精度测量，只要测量仪表灵敏度足够高，就一定会发现这些测量结果有一定的分散性，这就是随机误差造成的。在剔除粗大误差，并修正系统误差之后，各次测量结果的随机误差一般是服从正态分布规律的。应用统计学方法处理随机误差，即以测量结果的算术平均值作为被测实际值的最佳估计值，以算术平均值均方根偏差的 $2 \sim 3$ 倍作为随机误差的置信区间，相应的概率作为置信概率，可以提高测量精度。随机误差决定测量结果的精密度。

（3）系统误差。对某被测量进行多次等精度测量，如各测量结果的误差大小和符号均保持不变或按某确定规律变化，称此种误差为系统误差。系统误差不可能通过统计方法消除，也不一定能用统计方法发现它，因此发现系统误差很重要。可以通过校准比对、改变测量条件、理论分析和计算等方法来发现它，用改正值加以削弱。系统误差决定测量结果的准确度。

四、测量仪表的质量指标

（一）测量仪表的静态特性

（1）精确度（简称"精度"）。精确度是仪表精密度与准确度的综合指标，用相对误差来表示。

$$满度相对误差 = \frac{所有示值绝对误差中的最大值}{仪表量程} \times 100\% \quad （1\text{-}2）$$

自动检测仪表的精度等级，是按规定满度相对误差的一列标准值来分级的（0.001、0.005、0.020、0.050、0.100、0.200、0.350、0.500、1.000、1.500、25.000、40.000）。仪表精度等级规定了仪表在额定使用条件下最大引用误差不得超过的数值，此数值称为允许误差，而允许误差去掉百分号之后的数值，即仪表的精度等级。

（2）稳定性。稳定性是指仪表示值不随时间和使用条件变化的性能。时间稳定性以稳定度表示，即示值在一段时间内随机变动量的大小。使用条件变化的影响用影响误差表示，如环境温度的影响，是以温度每变化 1 ℃，示值变化多少来表示的。

（3）灵敏度。灵敏度是仪表在稳定状态下输出微小变化与输入微小变化之比，即 $S = \frac{dy}{dx}$。式中 dy 是仪表示值的微小变化，dx 是被测量的微小变化。灵敏度是仪表输出输入特性曲线上各点的斜率。

（4）变差（迟滞）。变差是指仪表正向特性与反向特性不一致的程度，以正、反向特性之差的最大值与仪表量程之比的百分数表示，即 $E_b = \frac{\Delta_{max}}{x_{max} - x_{min}} \times 100\%$。式中：$\Delta_{max}$ 是正、反向特性之差的最大值；x_{max} 是仪表刻度上限值，x_{min} 是仪表刻度下限值。

（5）分辨率。分辨率是表明仪表响应输入量微小变化的能力指标，即不能引起输出发生变化的输入量幅度与仪表量程范围之比的百分数。分辨率的好坏对应着分辨率的大小，分辨误差在调节仪表中常称为死区（或不灵敏区），它对调节质量的影响非常大。在模拟仪表中，分辨率又被称为鉴别域或灵敏域；在数字仪表中，分辨率又被定义为显示数的最后一位数字变动"1"所代表的被测量增量。

（6）重复性。重复性是指在同一测量条件下，对同一数值的被测量进行重复测量时，其测量结果的一致程度，即 $E_f = \frac{\Delta_{fmax}}{x_{max} - x_{min}} \times 100\%$。式中，

Δ_{fmax} 是全量程中重复测量差值的最大者。

（二）测量仪表的动态特性

仪表的动态特性是指其输出对于随时间变化的输入量的响应特性。当被测量随时间变化为时间的函数时，仪表的输出量也是时间的函数，其间的关系要用动态特性来表示。一个动态特性好的仪表，其输出将再现输入量的变化规律，即具有相同的时间函数。实际上，除了具有理想的比例特性，输出信号将不会与输入信号具有相同的时间函数，这种输出与输入间的差异就是所谓的动态误差。

动态特性除与仪表的固有因素有关外，还与仪表输入量的变化形式有关。换言之，在研究仪表动态特性时，通常是根据不同输入变化规律来考察仪表的响应的。

虽然仪表的种类和形式很多，但它们一般可以简化为一阶系统或二阶系统（高阶可以分解成若干个低阶环节），因此一阶仪表和二阶仪表是最基本的仪表。仪表的输入量随时间变化的规律是各种各样的，本书在对仪表动态特性进行分析时，采用最典型、最简单、最易实现的正弦信号和阶跃信号作为标准输入信号。对于正弦输入信号，仪表的响应称为频率响应或稳态响应；对于阶跃输入信号，仪表的响应则称为仪表的阶跃响应或瞬态响应。

第四节　核动力装置系统及其运行

核动力装置将反应堆内核燃料裂变产生的能量经传导、传输、分配后转换为机械能或电能，以满足动力推进或电力供应的需要。目前，电站核动力装置中一半以上为压水堆，船舶核动力装置更以压水堆为主，本书以压水堆核动力装置为主线，探讨核动力装置的系统组成与运行。

一、核动力装置系统

核动力装置指利用反应堆产生的能量提供推进动力和其他所需能源（如电力、蒸汽、热水、压缩空气、压力液体等）的机械、设备和系统的总称。

对于压水堆核电厂，压水堆核动力装置主要由一回路系统及其辅助系统和二回路系统这两部分组成。一回路系统及一回路辅助系统位于核岛内，二回路系统和发电系统位于常规岛内。

（一）一回路系统及一回路辅助系统

1. 一回路系统

一回路系统又称反应堆冷却剂系统或主冷却剂系统，其基本功能是维持反应堆内核燃料的链式裂变反应，并用冷却剂将堆芯产生的热能带至蒸汽发生器，加热二回路系统的给水以产生供应二回路系统气动设备所需的高温高压蒸汽。它的作用相当于常规蒸汽动力装置中的锅炉，因此一回路系统也称为核蒸汽供应系统。

除了将反应堆堆芯产生的热量传送到蒸汽发生器中，作为核动力装置的核心系统，一回路系统还具有以下功能：第一，冷却剂兼作中子慢化剂，使裂变反应产生的快中子慢化为热中子；第二，系统的压力边界是防止放射性产物外泄的第二道屏障；第三，在冷停堆降温降压的第一阶段，通过蒸汽发生器排除反应堆内的余热。

对于一回路系统而言，它通常包括反应堆压力容器和 2～4 条并联的冷却环路，冷却环路数目由核动力装置的容量决定。船舶核动力装置一般采用 2 条冷却环路，而大型商用压水堆核电站大多采用 3 条冷却环路或 4 条冷却环路。这些冷却环路常共用一台稳压器。例如，一座电功率 1 000 MW 级压水堆核电厂的一回路系统通常有 3 条冷却环路。每条冷却环路由一台蒸汽发生器、一台反应堆冷却剂泵，以及将这些设备与反应堆压力容器相连构成密闭回路的主管道组成，每条冷却环路所产生的电功率约为 300 MW。其中，连接反应堆出口至蒸汽发生器入口的主管道称为热管段，连接蒸汽发生器出口至冷却剂泵入口的主管道称为过渡段，连接冷却剂泵出口至反应堆入口的主管道称为冷管段。

一回路系统在反应堆进口处的冷却剂温度为 280～300 ℃，出口处的冷却剂温度为 310～330 ℃，因而反应堆进出口冷却剂温差为 30 ℃。蒸汽发生器进口处冷却剂的温度基本上与反应堆出口温度相同。反应堆正常运行时的冷却剂平均温度为 305 ℃，在变工况运行时，冷却剂平均温度变化允许的最大温差为 25 ℃。为了维持一回路系统在正常运行工况下处于单相状态，其运行压力一般为 14.7 ～ 15.7 MPa。通常而言，一回路系统的运行压力越高，反应堆出口温度和蒸汽发生器的运行温度就越高，整个核动力装置的热效率和经济性就越高，但相应地各主要设备的承压要求和加工制造等技术难度都会增加，又会制约经济性的提高。

2. 一回路辅助系统

为了支持一回路系统安全可靠地运行，压水堆核动力装置通常还需要设置一回路辅助系统，它不仅是核动力装置正常运行不可缺少的部分，还可在事故条件下为反应堆的安全提供支持。

一回路辅助系统包括五部分主要功能。第一，维持一回路系统的运行压力，防止系统压力超过允许范围，保证一回路的压力安全（设置了压力控制系统）。第二，控制一回路系统冷却剂的装量和成分，净化一回路冷却剂，去除其中附带的杂质，保证冷却剂品质符合要求（设置了化学和容积控制系统、反应堆硼和水补给系统）。第三，排出反应堆堆芯余热，确保反应堆燃料元件不被烧毁（设置了余热排出系统）。第四，在事故工况下，对堆芯进行应急冷却，防止堆芯熔毁。同时，对安全壳进行喷淋，防止超温、超压造成最后一道屏障损坏，导致放射性物质扩散，危害人员和环境安全（设置了专设安全系统）。第五，收集和处理各系统排出的放射性废物，保证工作人员及环境的安全（设置了放射性废物处理系统）。

（1）压力控制系统。压水堆核动力装置的一回路系统是一个充满高温高压水的封闭系统。在其运行的过程中，任何引起一回路系统温度、水体积变化的过程均有可能影响其压力的变化，如负荷的改变、外界因素的干扰，或者出现某种故障。一回路系统的压力过高或者过低都是不允许的：如果压力过高，超过了系统设计压力，一回路承压边界破裂，会造成失水事故；如果压力过低，流过反应堆堆芯的冷却剂可能会沸腾，甚至发生偏离泡核沸腾，导致冷却不足而引起燃料元件的损坏，甚至熔化。

常见压力控制系统由电加热式稳压器、泄压阀、安全阀、泄压管线、泄压箱、喷淋系统等组成。其中，电加热式稳压器是一个立式圆柱形高压容器。稳压器底封头中心用波动管与一回路冷却器的其中一个热腿相连，使其内部的压力与一回路系统的压力保持一致。底封头上安装电加热器，通过控制电加热的功率，可控制稳压器内蒸汽的产量。稳压器顶部与喷淋系统和泄压管线相连。其中，喷淋管线的另一头与一回路系统中一个主泵和上冲泵出口相连，泄压管线的另一头与泄压箱相连。

一回路系统正常运行时，稳压器内部的空间分为水空间和汽空间两部分。当一回路的系统压力低于正常值时，启动电加热器，加热蒸发水空间中的水，使稳压器和一回路系统内的压力上升。当一回路系统的压力高于正常值时，增大喷淋系统的喷淋流量，降低稳压器内和一回路系统的压力。如果喷淋系统无法抑制稳压器内压力的上升，则依次启动泄压阀和安全阀，以保证一回路系统不超压。

利用这些设备和子系统，压力控制系统能实现的功能有：①在核动力装置功率运行时，吸收冷却剂的体积波动，利用喷淋系统和电加热器，维持并控制一回路系统压力在正常波动范围内。②在冷启动和冷停闭过程中，与其他系统和设备配合，实现对一回路系统的升温升压和降温降压。③当一回路系统压力过高或过低时，为报警装置、反应堆保护系统提供压力信号，触发报警和反应堆停堆。其中：压力过高时启动安全排放，进行超压保护；压力过低时启动专设安全设施，进行安全注射。④根据运行要求，排出一回路系统中产生的裂变气体、氢气等。

（2）化学和容积控制系统。化学和容积控制系统（以下简称"化容系统"）的主要功能是对一回路系统进行反应性控制、水质控制和容积控制。具体来说，化容系统包括以下功能。

①通过改变反应堆冷却剂中硼酸的浓度（如加硼、除硼、稀释等），实现对反应性变化（长期和短期）的控制。船舶核动力装置由于受到其质量、尺寸等的限制和机动性的要求，一般只设置化学停堆系统，在控制棒不能正常停堆时，向堆芯注入大量高浓度硼酸溶液实施化学停堆。

②通过检测和处理冷却剂的水质，避免和减缓冷却剂系统的腐蚀、结垢，防止反应堆及一回路系统的放射性剂量超标。

③通过调节排水、补水的流量控制稳压器的液位及一回路冷却剂装量（体积）。

④利用上充泵向一回路主泵提供轴封水，利用一回路系统水压试验的手段，在事故条件下实现高压安注。

（3）余热排出系统。在核动力装置的反应堆裂变反应停止之后，剩余裂变和裂变产物等的衰变还将放出大量的热量，它们与一回路的显热统称为余热。如果这部分热量不能可靠、有效地从一回路系统中排出，反应堆的安全是无法得到保证的。这是核动力装置与常规动力装置的一个主要差别。余热排出系统的主要功能是在正常停堆及事故停堆时排出余热，保证反应堆的安全。由于余热中衰变热占主体，且这一系统主要在裂变反应停止后使用，它也被称为衰变热冷却系统或停堆冷却系统。

在核动力装置正常运行时，余热排出系统从一回路系统的其中一个热腿中抽取一回路冷却剂，经过余热排出泵的进入余热排出换热器，被设备冷却水冷却后，通过一回路系统的其中一个冷腿（主泵入口）重新回到一回路系统。调节进入余热排出热交换器的冷却剂流量，能够控制反应堆冷却剂系统的冷却速度。在事故条件下，余热排出系统常作为专设安全系统的低压安注系统使用。

（4）专设安全系统。反应堆在运行过程中会产生大量裂变产物，这些物质在衰变过程中产生大量放射性物质，并产生热能。在核动力装置正常运行时，这些放射性物质被封闭在燃料包壳内，通过余热排出系统将这些热量导出堆芯，最终排入自然环境中。如果发生事故，引起一回路系统的压力边界破损，甚至引起燃料包壳损坏，放射性物质就会从核动力装置中泄漏出来，引发一系列严重后果。

为了在事故工况下确保反应堆停闭，排出堆芯余热，避免放射性物质失控释放，保护工作人员、公众和环境的安全，核动力装置必须设置专设安全设施。常见的专设安全设施包括安全注射系统、辅助给水系统、安全壳、安全壳隔离系统、安全壳喷淋系统和过滤排放系统、安全壳消氢系统等。

设置安全注射系统，在一回路压力边界破损时，向反应堆堆芯注入应急冷却水，防止堆芯熔化。设置辅助给水系统，向蒸汽发生器应急供水。设置安全壳，包容从一回路系统中泄漏出来的放射性物质。设置安全壳隔离系统，为贯穿安全壳的流体系统提供隔离手段，防止放射性物质泄出旁路至安全壳外。设置安全壳喷淋系统和过滤排放系统，控制安全壳内的温度和压力，防止安全壳损坏。设置安全壳消氢系统，限制安全壳内的氢气浓度，防止发生氢气爆炸，损坏安全壳及壳内的其他设备。

（5）设备冷却水和厂用水系统。余热排出系统与安全壳喷淋系统均利用设备冷却水系统排出热量。前者是压水堆核动力装置正常运行时余热排出的关键；后者是在事故条件下，尤其是在一回路破口条件下余热排出的关键。无论是哪个系统，均需要设备冷却水系统的支持。设备冷却水系统的主要功能是为安全壳内需要冷却的带放射性的介质、设备提供冷却，并作为中间冷却回路，形成一道阻止放射性物质排入环境的屏障。

设备冷却水系统是一个封闭的回路，它主要由设备冷却水泵、设备冷却水热交换器、设备冷却水用户的各种换热器（如余热排出换热器、喷淋热交换器）组成。设备冷却水系统正常工作时，利用设备冷却水泵的泵送，设备冷却水系统内的循环流经设备冷却水换热器和余热排出换热器等，源源不断地将余热带至设备冷却水换热器的冷却水中。

设备冷却水换热器的冷却水通常为海水，由厂用水系统提供。厂用水系统的主要功能是从环境中汲取冷却水（通常是海水），为设备冷却水系统提供冷却水。

（6）放射性废物处理系统。放射性废物处理系统的主要功能是收集、储存和处理核动力装置在运行过程中产生的放射性废物，以防止其危害工作人员的安全和污染环境，这是核能发电系统与其他常规能源发电系统的重要差别之一。根据状态的不同，放射性废物主要分为放射性废液、放射性废气和放射性固体废物。

放射性废液主要来源于一回路设备及阀门的泄漏和排水、一回路过滤器的反洗用水、一回路取样废水、受放射性污染的机械和设备的去污用水、受放射性污染区域内的地坑水等。放射性废气主要来源于堆芯内燃料元件包壳破裂时漏入冷却剂中的裂变气体、冷却剂辐照分解产生的氢和氧、安全壳内的空气受中子辐照的生成物等。冷却剂中的放射性气体可通过蒸汽发生器不严密处漏到二回路蒸汽中，随同不凝结空气从主冷凝器的抽气器出口排放到机舱内，从而对人体造成伤害。放射性固体废物来源于检修时被污染的工具和衣物、净化系统中更换下来的废树脂和废滤芯等。

（二）二回路系统

二回路系统是压水堆核动力装置的基本组成部分之一。对于电厂核动力装置而言，二回路系统的主要功能是利用汽轮发电机组将一回路系统提供的热能转换为机械能，带动发电机发电，并在停闭或事故工况下，保证一回路系统的冷却。对于船舶核动力装置而言，二回路系统的主要功能是将一回路系统提供的热能转化为机械能和电能，用于船舶推进、全船用电及生产动力装置和制造全船生活用淡水。

1. 二回路系统工作原理

从热力循环的角度来说，二回路系统以朗肯循环为基础来实现能量的传递和转换。二回路给水在蒸汽发生器中定压吸热，产生干饱和蒸汽；蒸汽在汽轮机中绝热膨胀，向外输出机械功；汽轮机排出的乏汽在冷凝器中定压放热，冷凝为饱和水；凝水泵和给水泵对凝结水绝热压缩，使水的压力升高，并使水进入蒸汽发生器，完成一次汽—水循环。汽—水如此循环往复，源源不断地将蒸汽发生器一回路侧传递过来的热量转换为机械能。

由于压水堆核动力装置的蒸汽发生器只能产生饱和蒸汽或者微过热蒸汽，蒸汽在汽轮机内膨胀做功时，蒸汽的湿度逐渐增大。一方面，这会降低汽轮机的内效率；另一方面，也会对汽轮机的通流部分产生冲蚀，威胁汽轮机的安全。因此，当蒸汽在汽轮机内膨胀到一定程度时（湿度一般不大于12％），就排出到汽水分离再热器内进行汽水分离和蒸汽再热，然后再送入汽轮机继续膨胀做功。汽轮机高压缸的排汽进入汽水分离再热器，经汽水分离再热器将蒸汽中的水分除去，然后在蒸汽再热器中，由来自主蒸汽管道的新蒸汽加热至微过热状态，再送入低压缸中做功。

根据工程热力学原理可知，在朗肯循环的基础上增加回热循环，可以提高循环热效率。因此，核动力装置的二回路系统通常在冷凝器和蒸汽发生器之间设置若干个串联的给水加热器，使用汽轮机抽汽或者辅汽轮机排出的乏汽来加热给水。

对于船舶核动力装置，为了简化系统，减少设备数量，降低运行控制的复杂程度，一般只在高压缸和低压缸之间设置中间汽水分离器，不设置蒸汽再热器。基于同样的原因，船舶核动力装置只采用一级给水加热器。与船舶核动力装置相比，压水堆核电站为了提高效率，一般采用一级汽水分离器和二级蒸汽再热器，第一级再热器使用高压缸的抽汽进行加热，第二级再热器使用新蒸汽进行加热。压水堆核电站的二回路系统主要设备包括蒸汽发生器、高压汽轮机、蒸汽再热器、低压汽轮机、冷凝器、凝水泵、低压给水加热器、除氧器、高压给水加热器、给水泵等主要设备，以及连接这些设备的汽水管道和阀门。

2. 蒸汽系统及排放系统

蒸汽系统主要用于输送和收集蒸汽，按蒸汽参数和用户的不同，可分为主蒸汽系统、辅蒸汽系统和乏汽系统。其中：主蒸汽系统将蒸汽发生器产生的新蒸汽输送到主汽轮机组和其他消耗新蒸汽的设备中；辅蒸汽系统将辅助蒸汽输送至辅助耗汽设备中；乏汽系统则收集背压式辅助汽轮机排出的乏汽，用于给水加热、凝水鼓泡除氧，或者作为蒸发式造水装置的热源。

3. 凝给水及加热系统

蒸汽发生器产生的高温高压蒸汽（283 ℃、6.8 MPa）在汽轮机内膨胀做功后变成低温低压（40 ℃、7.5 kPa）的乏汽。汽轮机排出的乏汽在冷凝器中被循环水系统提供的冷却水冷却成低温的凝水。其中，循环水系统与重要厂用水系统功能较接近，系统布置也比较接近，它从环境中取水（通常是海水），为冷凝器及辅助冷凝器提供水，将冷却汽轮机的乏汽冷凝成凝水。汽轮机乏汽在冷凝器中被冷凝后，经凝给水及加热系统加热后重新送入蒸汽发生器中。

凝给水及加热系统的作用是在将凝水加热、净化后，可靠均匀地输送到蒸汽发生器中，满足蒸汽发生器运行对给水的要求。

二、核动力装置系统的运行

（一）核动力装置系统的运行工况

1. 基本运行工况的分类

对压水堆核电厂各类运行工况进行分析，并结合长期的运行实践，根据反应堆各类工况出现的预计概率和对周围环境、人员和公众可能带来的放射性后果可知，核动力装置的主要运行状态分为正常运行和运行瞬变、预期运行事件、稀有事故和极限事故这四类工况。

（1）Ⅰ类工况 —— 正常运行和运行瞬变。Ⅰ类工况是指核动力装置在规定的正常运行限值和条件范围内的运行，包括稳态功率运行、启停、功率升降、备用，以及日常换料、维修等工况，也包括在未超过规定的最大允许值情况下的带允许偏差的极限运行，如燃料组件包壳少量泄漏、蒸汽发生器传热管少量泄漏。由于这类工况出现频繁，整个运行过程依靠反应堆的控制系统，可将反应堆维持在所要求的状态中，燃料不应受到损坏，或触发任何保护系统，或专设安全措施。

（2）Ⅱ类工况 —— 预期运行事件（中等频率事件）。Ⅱ类工况指核动力装置在运行寿期内预计出现一次或数次偏离正常运行的工况，发生的预计频率为每年 $10^{-2} \sim 1$ 次 / 堆，又称中等频率事件。例如，控制棒组不受控地抽出、控制棒落棒、甩负荷、失去正常给水、一回路卸压和失去正常电源等。发生这些事件后，允许反应堆实施停堆保护，在采取纠正措施后可使核动力装置恢复正常运行状态，不允许燃料受到损坏，不应发展成为事故工况。

（3）Ⅲ类工况 —— 稀有事故。Ⅲ类工况是指在核电厂的寿期内一般极少出现的事故，其发生的频率为每年 $10^{-4} \sim 10^{-2}$ 次 / 堆，又称低概率事件。例如，二回路系统蒸汽管道小破口、蒸汽发生器传热管断裂、一回路系统单相状态下超压、一回路系统管道小破裂、全厂断电（反应堆失去全部强迫流量）等。发生这类事故后，一些燃料组件可能损坏。为了防止或限制事故产生严重后果，专设安全设施需要投入并阻止事故进一步恶化。一回路和安全壳的完整性不应受到影响，堆芯燃料元件的损坏数量不得超过规定值。

（4）Ⅳ类工况——极限事故（假想事故）。Ⅳ类工况是在核电厂的寿期内不期望出现的、后果非常严重的事故，发生的频率估计为每年 $10^{-6} \sim 10^{-4}$ 次/堆，又称假想事故。例如，反应堆冷却剂系统主管道大破口、主蒸汽管道大破口、全部主泵转子卡死、弹棒事故。发生这类事故后：专设安全设施应能正常工作，实现冷停堆；反应堆内放射性物质会大量释放，但不会使周围的环境（海域）受到严重污染，不会对公众（船员）的健康和安全有过分的危害。

2. 日常运行工况的分类

虽然核动力装置的主要运行状态可以分为四类，但是第Ⅱ、Ⅲ和Ⅳ类均非日常正常运行工况。尤其是第Ⅲ、Ⅳ类工况，大多属于事故工况，更多的是从设计的角度来防范，一旦出现，则必须有足够的手段和措施来应急和处理，防止在这些工况下放射性物质不可控地泄漏，造成周围环境或人员的损害。在正常运行条件下，核动力装置一般处于第Ⅰ类工况。具体来说，核动力装置的日常运行状态可划分为启动工况、功率运行工况（含变工况）、停闭工况和异常工况等主要运行工况。

启动工况是指核动力装置从停闭状态变为功率运行状态的过程。功率运行工况一般指反应堆的功率在 1% ~ 100% 额定功率范围内的运行，又可细分为稳定工况和变工况两种。停闭工况是指核动力装置从功率运行状态转入停闭状态的过程，包括冷停堆和热停堆两种情况。异常工况运行是指系统或设备在局部故障情况下的运行，这是船舶核动力装置与核电厂用核动力装置的差别之一。

（二）核动力装置系统的启动工况

启动是压水堆核动力装置运行过程的一个重要环节，是进入功率运行的一个必经环节。启动过程的任务是将核动力装置从停闭状态或备用状态转变为运行状态，一般又可细分为初次启动、冷启动和热启动三种工况。初次启动是指反应堆初次装料后第一次启动，它往往在调试阶段进行。冷启动是核动力装置在常温常压状态下的例行启动。热启动是在从核动力装置一回路系统的稳压器中保留蒸汽汽腔状态下的启动。

1. 冷启动过程

反应堆的冷启动是指具有一定停堆深度的次临界反应堆开始提棒，使之达到所需的功率水平的运行过程。这个过程反映了反应堆的状态变化，使主回路冷却剂从相对冷态（堆内的常温）升到热态（额定工作温度），使反应堆从相对零功率上升到有功率的状态。冷启动有外加热启动和核加热启动两种形式，这两种启动方式各有优缺点。

（1）启动前的准备与状态。在核动力装置启动前，必须对其进行必要的启动前检查，以确保整个装置处于可启动的状态。在此状态下，确保反应堆压力容器顶部所有的设备与仪表已经安装就位，所有控制棒处于最低位置。反应堆压力容器内充满含硼水，维持反应堆处于次临界状态下。反应堆控制和保护系统已完成启动准备，堆外核仪表系统的中子源量程测量通道，控制、保护和检测仪表系统已经投入运行。一回路主要辅助系统，特别是化学和容积控制系统处于可用状态，补水系统维持堆内水位稳定、下泄流畅通。余热排出系统的热交换器运行正常，控制一回路温度为 $10 \sim 60$ ℃。二回路系统所有设备均处于停闭状态，蒸汽发生器二次侧处于湿保养状态（除盐除氧水维持在正常高度，其他空间充满氮气，保持其压力稍高于常压），蒸汽隔离阀处于关闭状态。

（2）外加热启动。利用主泵高速转动和稳压器内的电加热棒产生的热量加热一回路冷却剂，使一回路冷却剂系统升温升压至规定状态，并提升控制棒，启堆运行，这种启动方式称为外加热启动。外加热启动过程主要包括以下阶段。

第一，一回路充水和排气阶段。压水堆核动力装置外加热启动的第一步是利用化容系统向一回路充水，在充水过程中，必须及时排出一回路系统中的气体。一回路冷却剂中含有的这些气体会对系统和设备运行造成不利影响。例如：气体在堆芯内会引起气泡效应，影响堆芯传热性能和反应性的变化；气体进入主泵驱动电机转子空腔内并积累到一定程度时，会导致主泵轴承干摩擦，影响主泵的安全运行；气体进入控制棒顶端的磁阻马达内腔会引起腐蚀；气体进入稳压器蒸汽空间内会使稳压器中饱和温度和饱和压力的对应关系遭到破坏，影响传热性能和测量仪表的精度。

第二，除氧阶段。充水排气结束后，当一回路冷却剂的压力满足主泵启动的条件后，启动主泵，并投入全部或部分稳压器内的电加热元件，加热一回路冷却剂。为了使稳压器内的水参与一回路系统循环，需要打开稳压器的喷淋阀。在升温升压的过程中，为了防止一回路系统超压，需要通过排水阀对反应堆冷却剂系统进行排水。在加热过程中，需要监测和调节一回路水质，以确保一回路冷却剂的化学特性。

在冷却剂加热到 90 ℃时，向冷却剂系统添加氢氧化锂以控制 pH。当冷却剂的温度为 90 ~ 120 ℃时，可适当控制一回路的温度，如将主泵切换至低速运行，保持部分稳压器内的电加热元件运行，并添加联氨进行化学除氧。冷却剂的温度对联氨与水中溶氧的反应速度有显著影响，温度为 90 ~ 120 ℃时，联氨和水中潜氧的反应更为充分，在较短时间内即可达到除氧要求。当水样检测表明反应堆冷却剂中的含氧量低于允许值时，除氧过程结束，将主泵由低速运行切换至高速运行，增加稳压器电加热元件运行的数量，继续升温升压。

第三，稳压器汽腔建立阶段。从充水排气阶段至除氧阶段，稳压器内一直充满单相冷却水，处于实体状态，没有压力控制的能力，整个一回路系统的压力主要依靠排水阀来控制。除氧工作完成后，随着主泵的高速转动和稳压器内电加热器的全部投入，逐步拉大稳压器与主回路的温差，使稳压器比主回路温度高 50 ~ 110 ℃。在这一阶段的升温升压过程中，受压力容器的冷脆性、管路和系统设备的热应力，以及设备的工作性能等相关因素的制约，一回路系统的升温速率必须严格控制在 50 ℃/h 以下。

当稳压器内的温度达到 2.5 ~ 3.0 MPa 对应下的饱和蒸汽温度

（221～232 ℃）时，通过减少一回路上冲流量的方法使稳压器内形成蒸汽空间，建立汽腔。在此过程中，主回路系统内的水被排出一部分，液位下降，上部空间形成饱和蒸汽汽腔。稳压器内一旦建立汽腔，就具备了压力控制能力，此后可利用稳压器维持一回路系统稳定的工作压力。

建立汽腔后，一回路系统继续升温升压，直至达到热停堆条件，即系统达到正常运行压力 15.5 ± 0.1 MPa，温度达到 291.4 ℃。在此过程中，必须注意控制一回路系统的升温过程，升温速率不得超过 28 ℃/h。当系统压力达到 7.0 MPa 时，打开电动隔离阀，使安全注射箱处于备用状态。当系统压力达到 13.8 MPa 时，使高压安全注射系统处于备用状态。

第四，反应堆启动阶段。对于压水堆核电厂，一回路系统达到热备用状态后，按最佳提棒方式提升控制棒，逐渐将反应堆带入临界状态。在手动提升控制棒的过程中，必须注意源区周期表和功率表的变化，防止出现短周期。

第五，二回路启动、并网与功率提升。当反应堆达到临界以后，用蒸汽发生器产生的蒸汽启动二回路系统，当蒸汽发生器的压力达到一定值时，打开隔离阀（隔舱阀）向二回路供汽，进行暖管暖机。当反应堆功率上升至 5% 时，汽轮机按照规定升速，直到额定转速。

当反应堆功率上升至 10% 的额定功率时，在确保发电机做好并网准备的前提下，进行并网操作。完成并网后，以最小的电负荷（约 5%）运行，将供电模式从厂用电模式切换至汽轮发电机组供电模式。此后，缓慢增加汽轮机负荷，直至满功率运行。其中，在电功率达到 15% 时，反应堆从手动控制切换至自动控制模式，二回路给水方式从辅助给水系统切换至主给水系统，蒸汽排放从压力控制切换至冷却剂平均温度控制。

（3）核加热启动。对于压水堆核电厂，一般采用外加热模式启动，因为这种启动方式的安全性较高。船舶核动力装置在平常靠码头停泊时，大都采用外加热方式启动。然而，外加热方式由于受到主泵和稳压器内电加热功率的限制，启动时间较长，从冷停堆状态启动达到额定功率水平运行需要 20～24 h。

除了外加热方式，船舶核动力装置还可采用核加热方式启动。核加热启动是指从冷停堆状态直接提升控制棒启动反应堆，依靠核裂变功率、主泵和稳压器内的电加热棒加热反应堆冷却剂，使一回路系统升温升压，达到额定运行参数。核动力装置采用核加热方式启动时，在准备工作及充水排气工作完成后，或在稳压器内建立汽腔后，即可提升控制棒，使反应堆逐渐达到临界。

如果采用核加热方式，核动力船舶的启动时间明显缩短，约 13 h。但是，核加热操作比较复杂，而且由于在冷态下启动反应堆，回路温度低，温度效应不明显，提升控制棒时须特别小心，谨防发生启动事故。

2. 热启动过程

压水堆核动力装置的热启动是指一回路系统依靠剩余功率等维持反应堆处于热备用状态（一回路的温度与压力等于或接近工作温度与压力，稳压器有蒸汽汽腔）下的启动。与冷启动相比，热启动程序较为简单，省去了一回路充水排气、除氧、建立稳压器汽腔等操作，直接提升控制棒使反应堆达到临界，其步骤与冷启动的后两个过程基本相同。

与冷启动不同的是，热启动需要考虑停堆的时间、停堆前的运行功率及停堆前控制棒的棒栅位置等的影响，以确定本次启动是否为碘坑下的启动，尤其是对于船舶核动力装置而言。碘坑的存在给反应堆的热启动带来一定的影响。对于压水堆核电站而言，应对突发事件的可能性较少，因而它们很容易避开碘坑进行热启动。然而，对于船舶核动力装置而言，它们可能遇到一些突发情况，不得不在碘坑状态下启动。

反应堆停堆后，^{135}Xe 的快速积累已大幅减少了反应堆的后备反应性，在后备反应性大于零之前，反应堆能够依靠提升控制棒启动。在碘坑初期，从反应堆停闭至仍可依靠控制棒提升启动反应堆的这段时间称为允许停堆时间。反应堆的后备反应性越大，允许停堆的时间就越长，如在反应堆处于燃料循环的寿期初时。

如果反应堆处于燃料循环的寿期末，反应堆的后备反应不足以抵消碘坑深度，这意味着即使控制棒全部提起也不能使反应堆达到临界，只能待最大碘坑过后再启动反应堆。一旦反应堆启动，随着功率的提升，堆内热中子通量相应增大，^{135}Xe 因大量吸收热中子而迅速减少。另外，启堆初期裂变反应生成的 ^{135}Xe 较少，^{135}Xe 的生成率明显小于其消耗率。这导致 ^{135}Xe 的浓度急剧下降，引入大量额外的正反应性。此时需要及时下插控制棒，以补偿因 ^{135}Xe 浓度下降而引入的正反应性，避免反应堆功率急剧增加。由此可见，在最大碘坑下启动时，为消除 ^{135}Xe 的影响，控制棒移动的幅度大且较频繁，操作过程也十分复杂，所以应尽量避免在这样的情况下启动反应堆。

最大碘坑过后，堆内 ^{135}Xe 浓度的逐渐下降会向堆芯引入正反应性，即使控制棒不动，反应性也将随时间变化而明显增加。^{135}Xe 最大的消减速度就是最大的正反应性引入速率。在这一阶段启动时，随着热中子通量密度的突然增加，^{135}Xe 的消失比正常的衰减更为迅速。因此，这一阶段的启堆过程应严格掌握控制棒的提升速度，防止因引入过大的正反应性而发生短周期事故。

需要指出的是，在碘坑下启动时，操纵员对反应堆停闭前运行的功率水平及运行时间、停堆前的控制棒位置、后备反应性要有充分的了解和估计，确定反应堆是否能够启动，启动过程中要防止出现反应性事故。若不是特别紧急的情况，应待碘坑过后再启动反应堆。

（三）核动力装置系统的稳定工况

稳定运行工况是核动力装置的主要运行状态之一。根据负荷的需求不同，核动力装置可以在不同的功率水平下运行。压水堆核电厂作为基准负荷，常年运行在 100 % 的功率水平下。无论运行在怎样的功率水平下，核电厂稳定运行时都需要保持电功率，与反应堆功率保持相等，否则整个装置无法处于稳定状态。

核动力装置在不同负荷下稳定运行时，一回路与二回路主要参数的变化规律不是唯一的，需要人为规定其中某一参数的变化规律。一旦这一参数的变化规律确定下来，其他参数的变化规律也就相应确定了，由此可形成核动力装置的一种运行方案。压水堆核动力装置有以下四种常见的运行方案。

1. 一回路冷却剂平均温度恒定方案

一回路冷却剂平均温度恒定方案的基本特征是当核动力装置的负荷发生变化时，保持一回路冷却剂的平均温度不随负荷变化，即保持不变。一回路冷却剂平均温度恒定方案的主要优点如下。

（1）压水堆负温度系数在一定程度上能补偿反应性的变化，因而反应堆的反应性变化较小，可减轻功率调节系统的负担，尤其是减少了控制棒的调节动作。这不仅有利于减少控制棒动作对反应堆内功率分布的影响，而且延长了控制棒驱动机构的使用寿命。

（2）随着负荷的变化，一回路中冷却剂体积的波动较小（理论上无体积波动），压力控制系统中的重要部件——稳压器的尺寸可以较小。

（3）减少了一回路温度变化对堆内构件等的热冲击及其所引起的疲劳蠕变应力，尤其是增加了燃料元件的安全性。

一回路冷却剂平均温度恒定方案的主要缺点是在负荷从零功率到满功率的变化过程中，二回路的蒸汽参数随负荷的变化而变化，且幅度很大。尤其是在低负荷时，蒸汽压力较高，这提高了对二回路蒸汽管道、阀门、汽轮机等设备的承压要求。相比于压水堆核电站，这个缺点对船舶核动力装置更加突出，因为后者为满足机动性的要求，工况变化更加频繁，功率变化幅度更大，在低负荷下运行的时间也更长。

2. 反应堆出口冷却剂温度恒定方案

反应堆出口冷却剂温度恒定方案的基本特征是反应堆出口冷却剂温度不随装置负荷的变化而变化，即保持不变。核动力装置采用这种运行方案最明显的一点是，从零功率升至满功率，反应堆出口温度始终保持不变，肯定不会出现反应堆出口超温的情况。这使得反应堆的热工水力状态能较好地满足热工安全准则。这种运行方案的缺点：一回路冷却剂平均温度变化较大导致一回路水体积变化较大，因此稳压器尺寸也较大；随着负荷的降低，二回路侧蒸汽压力升高较大，对二回路蒸汽系统和用汽设备的设计、运行要求显著提高。

3. 二回路蒸汽压力恒定方案

无论是一回路冷却剂平均温度保持不变，还是反应堆出口温度保持不变，这两种运行方案均会导致二回路蒸汽压力随负荷的变化而出现较大变化。这提高了二回路系统和设备的设计要求，给二回路系统的运行和管理带来了一定的困难。如果二回路蒸汽压力保持不变，蒸汽发生器、凝给水系统、蒸汽调压系统和汽轮机调速系统的工作条件将大为改观，这是这种运行方案最大的优点。然而，二回路蒸汽压力恒定运行方案导致反应堆进出口温度及其平均温度均随着装置负荷的升高而线性升高。这种运行方案的主要缺点是从零功率到满功率运行状态，一回路冷却剂平均温度的变化较大。一方面，这要求稳压器具有较大的容积补偿能力；另一方面，由温度效应引起的反应性扰动也较大，这要求反应堆功率控制系统频繁动作控制棒，以补偿反应性的温度效应。除此之外，燃料元件等堆内结构的温度变化较大，冲击热应力也变大，尤其是易造成燃料元件的蠕变疲劳。

4. 折中的运行方案

一回路冷却剂平均温度恒定运行方案和反应堆冷却剂出口温度恒定方案对一回路的设计和运行较为有利，而对二回路的设计和运行较为不利；反之，二回路蒸汽压力恒定方案对二回路的设计和运行更为有利，而对一回路更为不利。基于以上考虑，一种折中的运行方案应运而生。当装置负荷在50%以上时，采用一回路冷却剂平均温度不变方案；当装置负荷低于50%时，冷却剂流量降低，为额定流量的1/2或1/3，平均温度随装置负荷的减小而线性降低，使得二次侧蒸汽温度和压力升高的幅度显著减小。折中运行方案实际上是将整个核动力装置在设计、运行和管理上的困难由一、二回路共同担当，以缓解其他方案对一、二回路单方面的影响。这种运行方案的缺点是增加了控制环节，增大了系统运行的复杂性。

折中运行方案实际上也不是完美无缺的。每一种运行方案都有自身的优缺点，在核动力装置的设计阶段选用哪种运行方案取决于装置总体匹配情况，以及对核动力装置总体运行性能的要求。

（四）核动力装置系统的变工况

船舶核动力装置须具有良好的机动性和生命力，因此整个装置面临频繁改变输出功率的需求。例如，当船舶需要改变航速时，操纵人员通过调节主汽轮机的进汽量来改变二回路系统的输出功率，通过手动控制或者自动控制的方式使一回路系统跟踪二回路的负荷变化，将反应堆热功率调整到适应二回路所需的功率水平，直至装置稳定在所需的功率水平上，再次进入稳定工况运行。这样的运行方式称为核动力装置的变工况运行，它是另一种常见的功率运行工况。变工况运行可将核动力装置从某一功率水平的稳定运行工况过渡到另一个功率水平的稳定运行工况。在变工况运行中，一、二回路系统的输出功率随时间变化而变化。这是船舶核动力装置一种常见的运行形式。

船舶核动力装置实现变工况运行一般有两种操作方式：连续改变工况和不连续改变工况。连续改变工况是指反应堆根据二回路负荷要求直接从某一功率提升或下降到目标功率水平，不存在中间功率。这种操作方式的优点是速度快，缺点是易诱发反应性事故、超功率事故等。不连续改变工况是指反应堆根据二回路负荷逐级提升或降低功率，待中间功率基本稳定后再继续提升或降低功率。这种操作方式的主要优点是安全性好，主要缺点是改变工况所需的时间较长。

因为初始功率与目标功率的大小不同，变工况又分为提升功率和降低功率两种操作。这两种操作基本互为逆过程，受到反应堆温度效应的影响。

1. 提升功率时的操作

当二回路负荷增加时，主汽轮机进汽调节阀开度增大，蒸汽流量增加，蒸汽发生器二次侧压力下降、液位下降，二回路的给水调节系统补偿蒸汽发生器的液位。随着蒸汽发生器二次侧压力和温度的降低，蒸汽发生器两侧的传热温差增大，蒸汽发生器一次侧传递至二次侧的热量增加，导致一回路冷却剂平均温度下降。由于一回路冷却剂的负温度效应，反应堆引入正反应性，反应堆功率自动补偿升高。一回路冷却剂的负温度系数无法完全补充二回路增加的功率，控制棒驱动机构根据功率调节器的输出信号提升控制棒,增大反应堆功率输出,使一回路的热功率和二回路的负荷再次达到平衡状态。

2. 降低功率时的操作

当二回路负荷减小时,主汽轮机进汽调节阀开度减小,蒸汽流量减少,蒸汽发生器二次侧压力上升、液位降低,二回路给水调节系统恢复蒸汽发生器液位。随着二回路温度压力的升高,蒸汽发生器两侧传热温度降低,其一次侧向二次侧的热量减少,引起一回路冷却剂平均温度升高。由于一回路冷却剂的负温度效应,引入负反应性,反应堆功率自动补偿降低。如果冷却剂负温度系数无法完全补充,控制棒驱动机构根据功率调节器的输出信号下插控制棒,减小反应堆功率输出,使一回路的热功率和二回路的负荷再次达到平衡状态。

为保证核动力装置的安全,功率降低的速率受到反应堆降温、降压速率和汽轮机汽缸金属温度允许下降速度的限制。如果降低功率的幅度较大,那么一般情况下应采用不连续操作方式降低功率,即每下降一定的功率应停留一段时间,使汽轮机汽缸和转子温度均匀下降,调整二回路给水流量,维持蒸汽发生器二次侧液位。

如果遇到紧急情况,那么核动力装置在短时间内需要降低功率,如甩负荷工况。当核动力装置在较高的功率水平下发生甩负荷时,蒸汽发生器产生的大量多余蒸汽经减温减压后直接排放至冷凝器中,或通过主蒸汽管道上的蒸汽释放阀直接排放至环境中。在这样的工况下,反应堆一般会启动紧急停闭程序,以保证反应堆的安全。

(五)核动力装置系统的停闭工况

停闭工况是指将核动力装置从运行状态转变为停闭状态或备用状态。停闭操作中最重要的一步是停止反应堆内自持的链式裂变反应,将其从运行功率水平降至中子源水平,并具有足够的停堆深度。停闭反应堆主要依靠控制棒的插入来实现,即向堆芯内引入相当大的负反应性,以确保有效增值系数小于某个值(如 0.90 ~ 0.99)。

停闭工况一般又可细分为冷停闭、热停闭和事故停闭三种工况。其中，冷停闭和热停闭都属于正常停闭。具体来说，冷停闭是指停止反应堆内自持裂变反应，将一回路冷却剂系统的温度降低至接近环境温度，并使反应堆处于足够深的次临界状态。热停闭是指停止反应堆内自持的裂变反应，维持一回路冷却剂系统的温度和压力在正常运行的水平上，稳压器保留蒸汽汽腔，但使反应堆处于足够深的次临界状态。

1. 冷停闭工况

冷停闭是指核动力装置从一定功率运行水平停闭并冷却到常温常压状态的过程，以满足设备检修、燃料更换或长期休整的需求。冷停闭是冷启动的反向过程，具体可以分为以下几个阶段。

（1）停闭汽轮发电机组。根据指令，逐渐降低汽轮发电机组的负荷。当发电机的负荷降至 5 MW 时，确认汽轮机进汽阀门已经全部关闭后，开始降低汽轮机的转速。当汽轮机的转速降低至 250 r/min 时，确认电动盘车已经启动。此后，通过电动盘车控制汽轮机的转速，直至完全停止。当汽轮机发电机组的负荷降低时，负荷降低的速率受到汽缸金属温度允许下降速度的限制，并在每下降一定负荷后停留一段时间，让汽轮机汽缸和转子的温度均匀下降。当汽轮机转子的转速降低时，应该密切监视汽轮发电机组的有关参数，如转子的偏心度、震动和轴承的温度等。

（2）停闭反应堆。在降低汽轮机组负荷的过程中，利用反应堆功率控制系统自动跟随负荷的变化。当负荷降低至 10 % 时，控制棒控制方式从自动控制切换至手动控制。当负荷降低至 5 MW 时，手动控制插入控制棒，使反应堆处于次临界状态。核动力装置进入热停堆状态，如有需要，在此状态下可长时间停留。

（3）一回路降温降压。反应堆停闭后，可以开始降低一回路的温度和压力。这个过程可分为两个阶段：第一阶段是蒸汽发生器冷却阶段；第二阶段是余热排出系统冷却阶段。两者的边界是一回路的温度为 180 ℃、压力为 2.8 MPa：当温度和压力高于边界值时，这个过程处于蒸汽发生器冷却阶段；当温度和压力低于边界值时，这个过程处于余热排出系统冷却阶段。

在蒸汽发生器冷却阶段，在一回路系统中，稳压器内存在汽空间，一回路的压力仍然通过稳压器内的电加热和喷淋系统进行控制。通过主泵的运行，一回路冷却剂将衰变热从堆芯输送至蒸汽发生器中。在二回路系统中，蒸汽发生器通过辅助给水系统供水，产生的蒸汽由蒸汽排放系统排放。

当一回路温度降低至 160 ~ 180 ℃时，投入余热排出系统，进入余热排出系统冷却阶段。与蒸汽发生器冷却阶段不同的是，这一阶段主要通过上水系统与下泄压力控制阀来控制一回路系统的压力。然而，在回路的温度降到 120 ℃之前，通过这两个系统，稳压器内的汽空间虽然在不断消失，但是仍然存在，并能稳定一回路的压力。

当一回路系统的温度降低至 90 ℃时，压水堆核电厂达到正常冷停堆状态。此时，一回路系统的压力为 0 ~ 0.5 MPa。在整个降温降压过程中需要注意的是，反应堆必须具有足够的停堆深度，一回路系统的超压保护要连续，一回路降温速率不得超过 28 ℃/h，稳压器中水的降温速率不得超过 56 ℃/h。

2. 热停闭工况

在热停闭时，一、二回路系统处于热备用状态，保留稳压器汽腔，但反应堆处于次临界停堆状态。热停闭过程是冷停闭过程的前两个步骤，在达到热备用状态后，不再降温降压。热停闭是船舶核动力装置一种常用的运行方式。当船舶短时间停靠码头，或者处于海上抛锚、待机、潜海底等航行状态时，一般可使用热停闭状态。

反应堆达到停闭所需的次临界状态后，依靠停堆后的剩余功率和主泵的运转对一回路系统进行保温保压，必要时也可利用稳压器内的电加热器，甚至重新启动反应堆来维持一回路的温度和压力。

3. 事故停闭工况

事故停闭属于非正常工况，是在没有计划、没有准备的情况下，因系统或设备的重大故障而发生的。根据事故的轻重，事故停闭分为控制棒反插和紧急停堆两种。

控制棒反插指对于较小的功率波动或刚出现事故征兆时，除给出音响、灯光等信号外，保护装置自动将控制棒以高安全限定的速度反插堆芯，使反应堆功率降至安全限值以下，但不完全停闭。紧急停堆时，反应堆控制系统自动切断控制棒电源，所有控制棒在 0.7～1.2 s 全部插入堆芯，中止堆芯自持的裂变反应。当操作员发现某些设备的运行状态可能会严重威胁反应堆安全时，在保护装置还未动作的情况下，操作员可在控制台上手动操作紧急停堆按钮，实现快速停堆。

事故停闭以不扩大事故、保护反应堆安全为基本原则。在事故停闭后，必须立即投入应急冷却系统，以移去堆芯剩余热量。同时，根据情况迅速判断事故的原因，以及事故排除所需的时间，确定反应堆是热停闭还是冷停闭。

（六）核动力装置系统的异常工况

异常工况是指核动力装置在某个系统或设备发生故障情况下的运行工况。异常工况下的运行是确保船舶动力装置生命力的一个重要手段。异常工况运行的基本要求是在采取一定措施的条件下使船舶能够顺利返回基地。需要强调的是，异常工况是介于正常运行工况与事故工况之间的非正常工况。例如，环路流量不对称、环路温差不等、单环路运行、控制棒异常等均属于异常工况。对于压水堆核电站而言，如果出现这样的工况，首先要考虑的是停堆，排除故障后才能继续运行。然而，对于船舶核动力装置而言，在确保反应堆安全的前提下，在一定的措施和条件下，核动力装置还需要维持在一定的功率水平下才能继续运行，这也是船舶核动力装置与压水堆核电厂在运行上的一个重要差异。

第二章　核工程的压力检测技术与测量

第一节　压力检测与相关压力计的使用

一、压力检测认知

压力是重要的热工参数之一。所谓压力，是指垂直作用在单位面积上的力，即物理学上的压强。在核电站中：为了使核岛和常规岛的各种设备安全经济地运行，必须对压力加以监视和控制；要具体了解各设备的运行状况及深入研究其内部的工作过程，也必须知道其特定区域的压力分布。

由于地球表面存在大气压力，物体受压的情况各有不同，不同场合下的压力有不同的表示方法，如绝对压力、表压力、负压力或真空度、压差等。

由于参考点不同，在工程上，压力的表示方式有三种：绝对压力 p_a、表压力 p、负压力或真空度 p_v。

绝对压力 p_a 是被测介质作用于物体表面上的全部压力，以完全真空作为零标准。用来测量绝对压力的仪表称为绝对压力表。

表压力 p 是指用一般压力表所测得的压力，它以当地大气压作为零标准，等于绝对压力与当地大气压 p_0 之差，表达式为：

$$p = p_a - p_0 \qquad (2-1)$$

式中，大气压 p_0 是地球表面空气柱所形成的压力，它随地理纬度、海拔高度及气象条件而变化，可以用专门的大气压力表（以下简称"气压表"）测得，它的数值也是以绝对压力零位为基准得到的，因此也是绝对压力。

真空度 p_v 是指接近真空的程度。当绝对压力小于大气压力时，表压力为负值，其绝对值称为真空度，表达式为：

$$p_v = p_0 - p_a \qquad (2-2)$$

47

差压 Δp 是用两个压力之差表示的压力，也就是以大气压以外的任意压力作为零标准的压力，表达式为：

$$\Delta p = p_1 - p_2 \tag{2-3}$$

差压在各种热工量、机械量测量中用得很多。测量差压时使用的是差压计。在差压计中，一般将压力高的一侧称为正压，压力低的一侧称为负压，但这个负压是相对正压而言的，并不一定低于当地大气压力，与表示真空度的负压是截然不同的。

在国际单位制（SI）和我国法定计量单位中，压力的单位是"帕斯卡"，简称"帕"，符号为"Pa"，且 $1\ Pa=1\ N/m^2$，即 $1\ N$（牛顿）的力垂直均匀作用在 $1\ m^2$ 的面积上所形成的压力值为 $1\ Pa$。

按敏感元件和测压原理的特性不同，压力测量仪表一般分为以下四类。

第一，液柱式压力计。它是依据重力与被测压力平衡的原理制成的，可将被测压力转换为液柱的高度差进行测量，如 U 形管压力计、单管压力计及斜管压力计等。

第二，弹性式压力计。它是依据弹性力与被测压力平衡的原理制成的，弹性元件感受到压力后会产生弹性变形，形成弹性力，当弹性力与被测压力相平衡时，弹性元件变形的多少反映了被测压力的大小。据此原理工作的各种弹性式压力计在工业上得到了广泛的应用，如弹簧管压力计、波纹管压力计及膜盒式压力计等。

第三，电气式压力计。它是利用一些物质与压力有关的物理性质进行测压的。一些物质受压后，它的某些物理性质会发生变化，通过测量这种变化，就能测量出压力。据此原理制造出的各种压力传感器往往具有精度高、体积小、动态特性好等优点。压力传感器成为近年来压力测量的一个主要发展方向，常用的压力传感器有电阻应变片式、电容式、压电式、电感式、霍尔式等。

第四，活塞式压力计。它根据水压机液体传送压力的原理，将被测压力转换成活塞面积上所加平衡砝码的质量。它普遍作为标准仪器用来校验或刻度弹性式压力计。

二、液柱式压力计的使用

液柱式压力计是根据流体静力学原理，利用液柱所产生的压力与被测压力平衡，并根据液柱高度来确定被测压力大小的压力计。所用液体叫作封液，常用的有水、酒精、水银等。液柱式压力计多用于测量低压、负压和压力差。常用的液柱式压力计有 U 形管压力计、单管式压力计和斜管式微压计。

（一）U 形管压力计的使用

在 U 形管压力计两端接通压力 p_1、p_2，则 p_1、p_2 与封液液柱高度 h 间有如下关系。

$$p_1 - p_2 = gh(\rho - \rho_1) + gH(\rho_2 - \rho_1) \qquad （2\text{-}4）$$

式中：ρ_1、ρ_2、ρ 分别为左右两侧介质及封液密度；H 为右侧介质高度；g 为重力加速度。

当 $\rho_1 \approx \rho_2$ 时，式（2-4）可简化为：

$$p_1 - p_2 = gh(\rho - \rho_1) \qquad （2\text{-}5）$$

当 $\rho_1 \approx \rho_2$，且 $\rho \geqslant \rho_1$ 时，则有：

$$\Delta \rho = p_1 - p_2 = gh\rho \qquad （2\text{-}6）$$

由式（2-6）可知，当 U 形管内封液密度一定并已知时，液柱高度差 h 反映了压力的大小，这就是液柱式压力计测量压力的基本工作原理。

根据被测压力的大小及要求，其封液可采用水或水银。有时为了避免细玻璃管中的毛细作用，其封液也可选用酒精或苯。U 形管压力计的测压范围最大不超过 0.2 MPa[1]。

（二）单管式压力计的使用

单管式压力计的两侧压力差为：

$$\Delta p = p_1 - p_2 = (h_1 + h_2)g(\rho - \rho_1) = g(\rho - \rho_1)(1 + F_2/F_1)h_2 \qquad （2\text{-}7）$$

---

[1] 夏虹. 核工程检测技术 [M]. 2 版. 哈尔滨：哈尔滨工程大学出版社，2017：69-100.

式中：F_1、F_2 分别为容器和单管的截面积；h_2 为封液液柱高度。

若 $F_1 \geqslant F_2$，且 $\rho \geqslant \rho_1$，则：

$$p_1 - p_2 = g\rho h_2 \tag{2-8}$$

贝兹（Bates）微压计就是利用单管压力计的原理制成的。在大容器的中部插有一根升管，被测压力接到容器的软管上（若测压差，则低压端接到升管上端的压力接头上）。被测压力高于环境大气压时，升管中的液面上升，在升管中的浮子也随之上升。浮子的下端挂有玻璃刻度板，投影仪将刻度的一段放大约 20 倍后显示在具有游标的毛玻璃上。相邻两刻线相差 1 mm，用游标尺读数的方法可精确读出 1 Pa 的压力。

（三）斜管式微压计的使用

斜管式微压计两侧压力 p_1、p_2 和液柱长度 l 的关系如下。

$$p_1 - p_2 = g\rho l \sin\alpha \tag{2-9}$$

式中：α 为斜管的倾斜角度；l 为液柱长度。

从式（2-9）可以看出，斜管式微压计的刻度比 U 形管压力计的刻度放大了 $1/\sin\alpha$ 倍。若采用酒精作为封液，则更便于测量微压，一般这种斜管式微压计适于测量 2 ～ 2 000 Pa 的压力。

三、弹性式压力计的使用

弹性式压力计以各种形式的弹性元件受压后产生的弹性变形作为测量的基础，常用的弹性元件有弹簧管、膜片和波纹管，相应的压力计有弹簧管压力计、膜式压力计和波纹管式压差计。弹性元件变形产生的位移较小，往往需要把它变换为指针的角位移或电信号、气信号，以便显示压力的大小。

（一）弹簧管压力计的使用

弹簧管是弹簧管压力计的主要测压元件。弹簧管的横截面呈椭圆形或扁圆形，是一根空心的金属管，其一端封闭为自由端，另一端固定在仪表的外壳上，并与被测介质相通的管接头连接。弹簧管的横截面是椭圆形或扁圆形的，因此当具有压力的介质进入管的内腔后，弹簧管会在压力的作用下发生变形。短轴方向的内表面积比长轴方向的大，因而受力也大，当管内压力比管外大时，短轴要变长些，长轴要变短些，管截面更圆，产生弹性变形，使弯成圆弧状的弹簧管向外伸张，在自由端产生位移。此位移经杆系和齿轮机构带动指针，当变形引起的弹性力与被测压力产生的作用力平衡时，变形停止，指针指示出相应的压力值。这种单圈弹簧管压力计的自由端的位移量不能太大，为 2 ～ 5 mm。为了提高弹簧管的灵敏度，增加自由端的位移量，可采用螺旋形弹簧管。

普通的单圈弹簧管压力计的精度是 1 ～ 4 级，精密的是 0.1 ～ 0.5 级，测量范围从真空到 10^9 Pa。为了保证弹簧管压力计的指示正确和长期使用，应使仪表工作在正常允许的压力范围内。对于波动较大的压力，仪表的示值应经常处于量程范围的 1/2 左右；被测压力波动小时，仪表示值可在量程范围的 2/3 左右，但被测压力值一般不应低于量程范围的 1/3。另外，还要注意仪表的防振、防爆、防腐等问题，并要定期校验。

为了满足生产工艺或设备安全的需要，我们常希望把压力控制在一定的范围之内。当压力高于或低于规定范围时，希望仪表能发出灯光或声音信号，提醒操作者予以注意，因此可采用电接点压力表。其测量工作原理和一般弹簧管压力计完全相同，但它有一套发信机构。在其指针的下部有两个指针，一个为高压给定指针，一个为低压给定指针，利用专用钥匙在表盘的中间旋动给定指针的销子，将给定指针拨到所要控制的压力上限值和下限值处。

在高低压给定值指针和指示指针上各带有电接点。当指示指针位于高低压给定指针之间时，三个电接点彼此断开，不发信号；当指示指针位于低压给定值指针的位置时，低压接点接通，低压指示灯亮，表示压力过低；当压力达到上限时，即指示指针位于高压给定指针的位置，高压接点接通，高压指示灯亮，表示压力过高。电接点压力表除能够进行高低压报警外，还可以连接其他继电器等自动设备，起连锁和自动操纵作用。但这种仪表只能指示压力的高低，不能远传压力指示。触点控制部分的供电电压，交流电不得超过 380 V，直流电不得超过 220 V。触点的最大容量为 10 VA，通过的最大电流为 1 A。使用时不能超过上述功率，以免将触头烧掉。电接点压力表的准确度为 1.5 ～ 2.5 级。

（二）膜式压力计的使用

膜式压力计分为膜片压力计和膜盒压力表两种。前者主要用于测量腐蚀性介质或非凝固、非结晶的黏性介质的压力；后者常用于测量气体的微压或负压。它们的敏感元件分别是膜片和膜盒。

膜片压力计：膜片压力计的膜片可分为弹性膜片和挠性膜片两种。膜片呈圆形，一般由金属制成，常用的弹性波纹膜片是一种压有环状同心波纹的圆形薄片，它的四周被固定起来。通入压力后，膜片将向压力低的一面弯曲，其中心产生一定的位移（挠度），通过传动机构带动指针转动，指示出被测压力。其挠度与压力的关系主要由波纹形状、数目、深度和膜片的厚度、直径决定，而边缘部分的波纹情况则基本上决定了膜片的特性，中部波纹的影响很小。挠性膜片只起隔离被测介质的作用，它本身几乎没有弹性，是由固定在膜片上的弹簧来平衡被测压力的。膜片压力计适用于真空度为 $0 \sim 6 \times 10^6$ Pa 的压力测量。

膜盒压力表：为了增大膜片的位移量以提高灵敏度，可以把两片金属膜片的周边焊接在一起，形成膜盒，也可以把多个膜盒串接在一起，形成膜盒组。膜盒压力表的测量范围是 $0 \sim \pm 4 \times 10^4$ Pa。

（三）波纹管式压差计的使用

波纹管是外周沿轴向有深槽形波纹状皱褶，可沿轴向伸缩的薄壁管子，它受压时的线性输出范围比受拉时大，故常在压缩状态下使用。为了改善仪表性能，提高测量精度，便于改变仪表量程，实际应用时波纹管常和刚度比它大几倍的弹簧结合起来使用，这时仪表性能主要由弹簧决定。波纹管式压差计以波纹管为感压元件来测量压差信号，有单波纹管和双波纹管两种，主要用作流量和液位测量的显示仪表。

（四）弹性式压力计的误差及改善

弹性式压力计的误差主要源于：①迟滞误差。相同压力下，同一弹性元件正反行程的变形量不一样，产生迟滞误差。②后效误差。弹性元件的变形落后于被测压力的变化，引起弹性后效误差。③间隙误差。仪表的各种活动部件之间有间隙，示值与弹性元件的变形不可能完全对应，引起间隙误差。④摩擦误差。仪表的活动部件运动时，相互间存在摩擦力，产生摩擦误差。⑤温度误差。环境温度的变化会引起金属材料弹性模量的变化，造成温度误差。

提高弹性压力计精度的主要途径有以下四种。

（1）采用无迟滞误差或迟滞误差极小的"全弹性"材料和温度误差很小的"恒弹性"材料制造弹性元件。熔凝石英是较理想的全弹性材料和恒弹性材料。

（2）采用新的转换技术，减少或取消中间传动机构，以减少间隙误差和摩擦误差，如电阻应变转化技术。

（3）限制弹性元件的位移量，采用无干摩擦的弹性支承或磁悬浮支承等。

（4）采用合适的制造工艺，使材料的优良性能得到充分的发挥。

四、电气式压力计的使用

弹性式压力计结构简单，使用和维修方便，测压范围较宽，因此在工业生产中应用十分广泛。然而，在测量快速变化、脉动压力和高真空、超高压等场合，其动态和静态性能均不能满足要求，因此大多采用电气式压力计。

电气式压力计通常将压力的变化转换为电阻、电感或电势等电参量的变化。因为它输出的是电量，便于信号远传，尤其是便于与计算机连接组成数据自动采集系统，所以得到了广泛的应用，极大地推进了试验技术的发展。

电气式压力计的种类有很多，分类方式也不尽相同。从压力转换成电量的途径来看，有基于电磁效应、压阻效应、压电效应、光电效应等的电阻式、电容式、电感式、压电式压力计。从压力对电量的控制方式来看，可以分为主动式和被动式两大类：主动式是压力直接通过各种物理效应转化为电量的输出；被动式则必须从外界输入电能，而这个电能又被所测量的压力以某种方式控制。下面探讨使用比较广泛的电气式压力计。

（一）电阻应变片式压力传感器的使用

被测压力作用于弹性敏感元件上，使元件产生变形，在其变形的部位粘贴有电阻应变片，电阻应变片感受被测压力的变化，按这种原理设计的传感器称为电阻应变片式压力传感器。

1. 电阻应变效应

若电阻丝的长度为 l，截面积为 A，电阻率为 ρ，电阻值为 R，则有：

$$R = \rho \frac{l}{A} \tag{2-10}$$

设在外力作用下，电阻丝各参数的变化相应为 $\mathrm{d}l$，$\mathrm{d}A$，$\mathrm{d}\rho$，$\mathrm{d}R$，把式（2-10）微分并除以 R，可得电阻的相对变化为：

$$\frac{\mathrm{d}R}{R} = \frac{\mathrm{d}\rho}{\rho} + \frac{\mathrm{d}l}{l} - \frac{\mathrm{d}A}{A} \tag{2-11}$$

由材料力学知识可知：$\mathrm{d}l/l = \varepsilon$ 叫作轴向应变，简称"应变"；$\mathrm{d}A/A$ 叫作横向应变。两者的关系为：

$$\frac{\mathrm{d}A}{A} = -2\mu\varepsilon \tag{2-12}$$

式中，μ 为材料的泊松系数。

引入上述符号后，式（2-11）可改写为：

$$\frac{\mathrm{d}R}{R} = \left[(1 + 2\mu) + \frac{\mathrm{d}\rho/\rho}{\varepsilon} \right] \varepsilon = K_0 \varepsilon \tag{2-13}$$

式中，K_0 为单根电阻丝的灵敏度系数，其意义为单位应变所引起的电阻的相对变化。K_0 是通过实验获得的，在弹性极限内，大多数金属的 K_0 是常数。一般金属材料的 K_0 为 $2 \sim 6$，半导体材料的 K_0 值可高达 180。

当金属丝制作成电阻应变片后,电阻应变片的灵敏系数 K 将不同于单根金属丝的灵敏系数 K_0,需要重新通过实验测定。应变片电阻的相对变化与应变的关系在很大范围内仍然是线性的。

$$\frac{dR}{R} = K\varepsilon \qquad (2\text{-}14)$$

由式(2-14)可见,在 K 是常数的情况下,只要测量出应变片电阻值的相对变化,就可以直接得知其应变量,进而求得被测压力。

应变片由应变敏感元件、基片和覆盖层、引出线三部分组成。

应变敏感元件是应变片的核心部分,一般由金属丝、金属箔或半导体材料组成,由它将机械应变转为电阻的变化,基片和覆盖层起固定和保护应变敏感元件、传递应变和电气绝缘的作用。

2. 电阻应变片式压力传感器结构

电阻应变片式压力传感器一般由应变片、应变筒、外引线等组成。主要结构形式有膜片式、筒式、组合式三种。下面以筒式为例,简单说明电阻应变式压力传感器的构成。传感器的弹性敏感元件是一个薄壁筒,也是传感器的核心部分。应变筒一般由合金钢制成,在压力作用下产生变形,粘贴在外壁上的横向应变片与纵向应变片同时产生正应变和负应变,即粘贴在外壁上的横向应变片受拉伸而纵向应变片受压缩,连成电桥电路。该电路不仅增加了仪器的输出,同时可进行自温度补偿,此输出通过电缆引线与应变仪的电桥盒相连接。

3. 温度补偿与桥式电路输出

电阻应变片式压力传感器是依据压力产生应变,从而导致阻值变化而测得压力的原理制成的。但是一方面应变片的电阻受温度影响很大,其电阻值会随着温度的变化而变化;另一方面弹性元件和应变片的线膨胀系数很难完全相同,但它们又是粘贴在一起的,温度变化时就会产生附加应变。因此,电阻应变式压力传感器需要采取温度补偿措施,通常采用电桥补偿的方法,电桥补偿电路有半桥和全桥两种。采用电桥方式有两个原因:一是可以起到温度补偿的作用;二是可以提高信号的输出幅度。

（二）电感式压力传感器的使用

电感式压力传感器以电磁感应原理为基础，利用磁性材料和空气的磁导率不同，把弹性元件的位移量转换为电路中电感量的变化或互感量的变化，再通过测量线路转变为相应的电流或电压信号。两个完全对称的简单电感压力传感器共用一个活动衔铁，便构成了差动式电感压力传感器。

电感式压力传感器的特点是灵敏度高、输出功率大、结构简单、工作可靠，但不适合测量高频脉动压力，且较笨重，精度为 0.5 ～ 1 级。外界工作条件的变化和内部结构特性的影响，是电感式压力传感器产生测量误差的主要原因，如环境温度变化，电源电压和频率的波动，线圈的电气参数几何参数不对称，导磁材料的不对称、不均质等。

（三）霍尔式压力传感器的使用

霍尔式压力传感器是利用霍尔效应把压力引起的弹性元件的位移转换成电势输出的装置。把一半导体单晶薄片放在磁感应强度为 B 的磁场中，在它的两个端面上通以电流 I，则在它的另两个端面上产生电势 U_H，这种物理现象称为霍尔效应。电势 U_H 称为霍尔电势；电流 I 称为控制电流；能产生霍尔效应的片子称为霍尔元件。电荷在磁场中运动，受磁场力 F 作用而发生偏移，是霍尔效应产生的原因。

霍尔电势可表示为：

$$U_H = \frac{R_H IB}{d} = K_H IB \qquad (2-15)$$

式中：R_H 为霍尔系数；d 为霍尔元件厚度；K_H 为霍尔元件的灵敏度。

霍尔压力传感器主要由弹性元件、霍尔元件和一对永久磁钢构成。这对磁钢的磁场强度相同而异极相对，它们在一定范围内形成一个磁感应强度 B 沿线性变化的非均匀磁场。工作时，控制电流 I 为恒值，霍尔元件在此磁场中移动，在不同位置将感受到不同的磁感应强度，其输出电势随其位置的变化而改变。当被测压力为零时，霍尔元件处于非均匀磁场的正中位置，其输出电势为零；当被测压力不为零的时候，霍尔元件被弹性元件带动，偏离中间位置，则有正比于位移的电势输出。若弹性元件的位移与被测压力成正比，则传感器的输出电势也与被测压力成正比。

常用的霍尔式压力传感器的输出电势为 20～30 mV，可直接用毫伏表作指示仪表，测量精度为 1.5 级，它的优点是灵敏度较高，测量仪表简单，但测量精度受温度影响较大。在实际应用中，应对霍尔元件采取恒温或其他温度补偿措施。

（四）电容式压力传感器的使用

电容器的电容量由它的两个极板的大小、形状、相对位置和电介质的介电常数决定。如果一个极板固定不动，另一个极板感受压力，并随着压力的变化而改变极板间的相对位置，电容量的变化就反映了被测压力的变化，这是电容式压力传感器的基本工作原理。

平板电容器的电容量 C 为：

$$C = \frac{\varepsilon S}{\delta} \tag{2-16}$$

式中：ε 为极板间电介质的介电常数；S 为极板间的有效面积；δ 为极板间的距离。若电容的动极板感受压力产生位移 $\Delta\delta$，则电容量将随之改变，其变化量 ΔC 为：

$$\Delta C = \frac{\varepsilon S}{\delta - \Delta\delta} - \frac{\varepsilon S}{\delta} = C\frac{\Delta\delta/\delta}{1 - \Delta\delta/\delta} \tag{2-17}$$

可见，当 ε、S 确定之后，可以通过测量电容量的变化得到动极板的位移量，进而求得被测压力的变化。电容式压力传感器的工作原理正是基于以上关系得出的。输出电容的变化 ΔC 与输入位移 $\Delta\delta$ 间的关系是非线性的，只有在 $\Delta\delta/\delta \leqslant 1$ 的条件下才有近似的线性关系：

$$\Delta C = C\frac{\Delta\delta}{\delta} \tag{2-18}$$

为了保证电容式压力传感器近似线性的工作特性，测量时必须限制动极板的位移量。

为了提高传感器的灵敏度和改善其输出的非线性，实际应用的电容式压力传感器常采用差动的形式，即感压动极板在两个静极板之间，当压力改变时，一个电容的电容量增加，另一个电容量减少。这样，灵敏度可提高一倍，而非线性则可降低。

把电容式压力传感器的输出电容转换为电压、电流或频率信号并加以放大的常用测量线路有交流不平衡线路、自动平衡电桥线路、差动脉冲宽度调制线路、运算放大器式线路。

电容式压力传感器具有结构简单、所需输入能量小、没有摩擦、灵敏度高、动态响应好、过载能力强、自热影响极小、能在恶劣环境下工作等优点，近年来受到了广泛重视。影响电容式压力传感器测量精度的主要因素是线路寄生电容，电缆电容和温度、湿度等外界条件的干扰。没有极好的绝缘和屏蔽，它将无法正常工作，这正是过去长时间限制它的应用的原因。集成电路技术的发展和新材料、新工艺的进步，已使上述因素对测量精度的影响大大减小，为电容式压力传感器的应用开辟了广阔的前景。

（五）压电式压力传感器的使用

压电式压力传感器利用压电材料的压电效应，将压力转换为相应的电信号，经放大器、记录仪处理而得到被测的压力参数。所谓压电效应，就是指一些物质在一定方向上受外力作用而产生变形时，在它们的表面上会产生电荷，当外力去掉后，它们又重新回到不带电状态。能产生压电效应的材料可分为两类：一类是天然或人造的单晶体，如石英等；另一类是人造多晶体压电陶瓷，如钛酸钡、锆钛酸铅等。石英晶体的性能稳定，其介电常数和压电系数的温度稳定性很好，在常温范围内几乎不随温度变化，而且它的机械强度高，绝缘性能好，但价格昂贵，一般只用于精度要求很高的传感器中。压电陶瓷受力时，在垂直于极化方向的平面上产生电荷，其电荷量与压电系数和作用力成正比。压电陶瓷的压电系数比石英晶体大，且价格便宜，被广泛用作传感器的压电元件。

压电式压力传感器产生的信号非常微弱，输出阻抗很高，必须经过前置放大，把微弱的信号放大，并把高输出阻抗变换成低输出阻抗，才能为一般的测量仪器所接收。从压电元件的工作原理来看，它的输出可以是电压信号，也可以是电荷信号。所以，前置放大器有两种：一种是输出电压信号的电压放大器；另一种是输出电荷信号的电荷放大器。

压电式压力传感器因其固有频率高而不能用于静态压力测量。被测压力变化的频率太低或太高，以及环境温度和湿度的改变，都会改变传感器的灵敏度，造成测量误差。压电陶瓷的压电系数是逐年降低的，以压电陶瓷为压电元件的传感器应定期校正其灵敏度，以保证测量精度。电缆噪声和接地回路噪声也会造成测量误差，应设法避免。采用电压前置放大器时，测量结果受测量回路参数的影响，不能随意更换出厂配套的电缆。

第二节　测压仪表与气流压力的测量

一、测压仪表选择、安装与标定

压力测量系统应看作由被测对象、取压口、导压管和压力仪表等组成的。压力检测仪表的正确选择、安装和标定是保证其在生产过程中发挥应有作用及保证测量结果安全可靠的重要前提。

（一）压力表的选择

压力表的选择是一项重要的工作，如果选用不当，不仅不能正确、及时地反映被测对象压力的变化，还可能引起事故。选用时应根据生产工艺对压力检测的要求、被测介质的特性、现场使用的环境及生产过程对仪表的要求，如信号是否需要远传、控制、记录或报警等，再结合各类压力表的特点，本着节约的原则，合理地考虑仪表的类型、量程、准确度等。

1. 压力表种类与型号的选择

（1）从被测介质压力的大小来考虑。如测量微压（几百至几千帕），宜采用液柱式压力计或膜盒压力表；如被测介质压力不大，在 15 kPa 以下，且不要求迅速读数，可选用 U 形管压力计、单管压力计；如被测介质压力不大，但要求迅速读数，可选用膜盒压力表；如测高压（大于 50 kPa），应选用弹簧管压力计；若需测快速变化的压力，应选用压阻式压力计等电气式压力计；若被测的是管道水流压力，且压力脉动频率较高，应选用电阻应变式压力计。

（2）从被测介质的性质来考虑。对于酸、碱、氨及其他腐蚀性介质应选用防腐压力表，如以不锈钢为膜片的膜片压力计；对于易结晶、黏度大的介质应选用膜片压力计；对于氧、乙炔等介质应选用专用压力表。

（3）从使用环境来考虑。对于爆炸性气氛环境，使用电气压力表时，应选择防爆型；机械振动强烈的场合，应选用船用压力表；对于温度特别高或特别低的环境，应选择温度系数小的敏感元件和变换元件。

（4）从仪表输出信号的要求来考虑。若只需就地观察压力变化，应选用弹簧管压力计；若需远传，则应选用电气式压力计，如霍尔式压力计等；若需报警或位式调节，则应选用带电接点的压力表。

2. 压力表的量程选择

为了保证压力计能在安全的范围内可靠工作，并兼顾到被测对象可能发生的异常超压情况，对仪表的量程选择必须留有余地。

测量稳定压力时，最大工作压力不应超过量程的 3/4；测量脉动压力时，最大工作压力则不应超过量程的 2/3；测高压时，则不应超过量程的 3/5。为了保证测量准确度，最小工作压力不应低于量程的 1/3。当被测压力变化范围大，最大和最小工作压力不能同时满足上述要求时，应先满足最大工作压力条件。

3. 压力表的精度等级选择

压力表的精度等级主要根据生产允许的最大误差来确定。根据我国压力表的新标准《一般压力表》（GB/T 1226—2017）的规定，一般压力表的精度等级分为 1 级、1.6 级、2.5 级、4.0 级。精密压力表的精度等级分为 0.1 级、0.16 级、0.25 级、0.4 级。它既可作为检定一般压力表的标准器，也可用于高精度压力测量。

（二）压力表的安装

保证压力的准确测量，不仅要依赖测压仪表的准确度，而且与压力信号的获取、传递等中间环节有关。因此，应根据具体被测介质、管路和环境条件，选取适当的取压口，并正确安装引压管路和测量仪表。下面仅介绍静态压力测量的一般方法。

1. 取压口的选择

取压口的选择应能代表被测压力的真实情况，安装时应注意取压口的位置和形状。

（1）取压口的位置。

第一，取压点应选在被测介质流动的直线管道上，远离局部阻力件，不要选在管路的拐弯、分叉、死角或其他能形成旋涡的地方。

第二，取压口开孔位置的选择应使压力信号走向合理，避免发生气塞、水塞或流入污物。具体地说：当测量气体时，取压口应开在设备的上方，以防止液体或污物进入压力计中，避免气体凝结而造成水塞；当测量液体时，取压口应开在容器的中下部（但不是最底部），以免气体进入而产生气塞或流入污物；当测量蒸汽时，应确定取压口的开孔位置，以避免发生气塞、水塞或流入污物。

第三，取压口应无机械振动或振动不至于引起测量系统的损坏。

第四，测量差压时，两个取压口应在同一水平面上，以避免产生固定的系统误差。

第五，导压管最好不伸入被测对象内部，而在管壁上开一形状规整的取压口，再接上导压管。当一定要插入对象内部时，其管口平面应严格与流体流动方向平行。

第六，取压口与仪表（测压口）应在同一水平面上，否则应进行校正。

（2）取压口的形状：①取压口一般为垂直于容器或管道内壁的圆形开口；②取压口的轴线应尽可能地垂直于流线，偏斜不得超过5°；③取压口应无明显的倒角，表面应无毛刺和凹凸不平；④口径在保证加工方便和不发生堵塞的情况下应尽量小，但在压力波动比较频繁和对动态性能要求高时可适当加大口径。

2. 导压管的敷设

导压管是传递压力、压差信号的设备，安装不当会造成能量损失，其应满足以下技术条件。

（1）管路长度与导压管直径。在工业测量中，管路长度一般不得超过90 m，测量高温介质时不得小于 3 m，导压管直径为 7 ～ 38 mm。

（2）导压管的敷设：①管路应垂直或倾斜敷设，不得有水平段。②导压管倾斜度至少为 3/100，一般为 1/12。③测量液体时下坡，且在导压管系统的最高处应安装集气瓶；测量气体时上坡，且在导压管的最低处应安装水分离器；当被测介质有可能析出沉淀物时，应安装沉淀器。测量差压时，两根导压管要平行放置，并尽量靠近，以使两根导压管内的介质温度相等。④当导压介质的黏度较大时还要加大倾斜度。⑤在测量低压时，倾斜度要增大到 5/100 ～ 10/100。⑥导压管在靠近取压口处应安装关断阀，以方便检修。⑦在需要进行现场校验和经常冲洗导压管的情况下，应安装三通开关。

（3）压力表的安装：①安装位置应易于检修、观察。②尽量避开振源和热源的影响，必要时加装隔热板，减小热辐射；测高温流体或蒸汽压力时应加装回转冷凝管。③测量波动频繁的压力时，如测量压缩机出口、泵出口等处的压力，可增装阻尼装置。④测量腐蚀介质时，必须采取保护措施，安装隔离罐[①]。

（三）压力表标定

压力检测仪表在出厂前均须经过标定，使之符合准确度等级要求。使用中的仪表会因弹性元件疲劳、传动机构磨损及腐蚀、电子元器件的老化等造成误差，所以必须定期进行标定，以保证测量结果有足够的准确度。另外，新的仪表在安装使用前，为防止运输过程中因振动或碰撞造成误差，也应进

---

①何西扣，刘正东，赵德利，等. 中国核压力容器用钢及其制造技术进展 [J]. 中国材料进展，2020，39（Z1）：509-518，557.

行标定，以保证仪表示值的可靠性。标定有静态标定和动态标定两种。

压力表的静态标定。测压仪表的静态标定应有一个稳定的标准压力源，它的压力应有足够精确的方法来测量，常用的有活塞式压力计、标准弹簧压力计、力平衡式压力计等。

压力表的动态标定。用于测量动态压力的压力传感器，除了静态标定，还要进行动态标定，其目的是得到它们的频率响应特性，以确定它们的适用范围、动态误差等。动态标定有两种方法：一是将传感器输入标准频率及标准幅值的压力信号与它的输出信号进行比较，这种方法称为对比法，如将测压仪表装在标准风洞上进行标定；二是通过激波管产生一个阶跃的压力，并施加于待标定的压力传感器上，根据其输出曲线求得它们的频率响应特性。

二、气流压力的测量

当气体以较高速度流动时，其中的压力会受到气体流动速度的影响，所以气流中的压力测量是一类特殊的压力测量问题。

气流的压力是指气流单位面积上所承受的法向表面力。在静止气体中，因不存在切向力，故这个表面力与所取面积的方向无关，该压力称为静压。在流动气体中，静压是指相对于运动坐标上的压力，它可用与运动方向平行的单位面积的表面力来衡量。总压是指气流某点上速度等熵滞止为零时所达到的压力，又称滞止压力。若速度相对于相对坐标等熵滞止，则可称为相对滞止压力。总压与静压之差，称为该点的动压。

测量气流的压力，主要是测量气流的总压和静压。最常用的仪器是以空气动力测压法为基础的总压管和静压管，严格地讲，它是由感受头、连接管和二次仪表组成的测压系统。感受头即测压管，在其表面根据测量要求开若干个小孔以感受气流中的压力；连接管所起的作用是将感受到的压力信号传送到显示或记录部分；二次仪表可以是所有测压仪表中的任意一种。

（一）总压的测量

1. 总压测量方法及不敏感偏流角

气流总压是指气流等熵滞止压力。用于总压测量的测压管称为总压管。总压管的一端管口轴线对准气流方向，另一端管口与二次仪表相连，这样便可测出被测点的气流总压与大气压之差。为了得到满意的测量结果，要求管口无毛刺，壁面光洁，并要求管口轴线对准来流方向。前者在制造加工时可以得到保证，而后者就会在使用上带来困难。因此，在实际应用中，希望在管口轴线相对于气流方向有一定的偏流角 α 时，它仍能正确地反映气流的总压。习惯上取使测量误差占速度头 1% 的偏流角 α 作为总压管的不敏感偏流角 α_p，α_p 的范围越大，对测量越有利。

应该指出，同一形式的总压管的工艺制造存在误差，α_p 也不同，因此严格来说，每根总压管在使用前都必须在校准风洞上标定它的角度特性。选用总压管时，要根据气流的速度范围、流道的条件和对气流方向的不敏感性，决定所用总压管的结构形式，在满足要求的前提下，其结构形式越简单越好。同时，在保证一定的结构刚度的前提下，总压管应具有较小的尺寸，以减少对流场的干扰。

2. 总压管的结构及其性能

（1）单点 L 形总压管。单点 L 形总压管是最常见的单点总压管，它制造方便，使用、安装简单，支杆对测量结果影响小。其缺点是不敏感偏流角 α_p 较小，为 $\pm 10° \sim \pm 15°$。如果将管口加一个扩张角，则 α_p 可加大，为 $\pm 25° \sim \pm 30°$。

（2）带导流套的总压管。在 L 形总压管管口增加一个导流套，导流套进口处的锥面为收敛段，气流经过导流套后被整流，使总压管的不敏感偏流角 α_p 提高，为 $\pm 40° \sim \pm 45°$。它的缺点是 α_p 随 Ma 的变化较明显，头部尺寸较大，对气流流动有较大的影响，因而使用时必须注意。

（3）多点总压管。在实际测量中，有时需要沿某一方向同时测出多点的总压。把若干个单点总压管按一定方式组合在一起，就构成了多点总压管。

各单点总压管沿支杆轴向分布，组成多点梳状总压管，常见的有凸嘴型、凹窝型和带套型。各单点总压管沿支杆的径向分布组成多点耙状总压管。

多点总压管能同时测出多点的总压，但制造较复杂，对流场的干扰大。梳状凸嘴型总压管和耙状总压管的不敏感偏流角 α_p 较小；凹窝型的 α_p 较大，但测量精度受气流扰动的影响较大；带套型的 α_p 最大，但结构较复杂。在实际使用时要根据具体情况选用。

（4）附面层总压管。附面层内的气流总压比主流内的小很多，而附面层本身又很薄，这需要用专门的附面层总压管进行测量。

附面层内的速度梯度很大，而且是非均匀变化的，这些因素导致总压管感受的总压平均值总是大于其测压孔几何中心处的总压值，即总压管的有效中心向速度较高的一侧移动了。为了使总压管的有效中心尽量靠近几何中心，附面层总压管的感受管截面常做成扁平的形状，感受孔往往是一道窄缝。

附压层总压管在使用前要仔细校准，而且只能用于和校准时同样的雷诺数范围内，其感受孔尺寸极小，使用时还要特别注意其示值滞后的现象。

（二）静压的测量

当传感器在气流中与气流以相同的速度运动时，感受到的就是气流的静压。静压测量对偏流角、Ma、传感器的结构参数等影响测量精度的因素更为敏感，所以静压测量比总压测量困难得多。静压测量有时在机械的固体壁面处进行，有时需在流场中进行，前者采用壁面静压孔，后者采用静压管。

1. 壁面静压孔测量

壁面静压孔测量是测量气流静压最方便的方法。静压孔的位置应选在流体流线是直线的地方，这里整个截面上的静压基本相等；要求开孔处有足够的直管段，管道内壁面要光滑平整。否则，即使静压孔的设计加工正确，也会引起 1%～3% 的误差。

壁面开静压孔后，对流场的干扰是不可避免的，为了减少干扰，提高测量精度，对静压孔的设计加工有严格的技术要求，具体要求如下。

（1）静压孔的开孔直径以 0.5～1.0 mm 为宜。若 Ma 为 0.8，由此引起的误差为 0.1 % ～ 1.0 %。静压孔过大或过小都不好：孔径越大，其附近的流线变形越严重，误差也就越大；孔径太小会增加加工上的困难，易被堵塞，也会增加滞后时间。

（2）静压孔的轴线应和管道内壁面垂直，孔的边缘应尖锐、无毛刺、无倒角，孔的壁面应光滑。

（3）静压孔的深度为 l，直径为 d，一般取 $l/d \geq 3$，太浅会增大流线弯曲的影响。

（4）连接静压孔与导压管的管接头要固定在流道壁上，只要流道壁厚度允许，螺纹连接的方法就比焊接的方法好，该方法能够避免热应力使壁面变形，干扰流场。

2. 静压管测量

当需要测量气流中某点的静压时，就要使用静压管。置于气流中的静压管对气流的干扰较大，为了减少测量误差，在满足刚度要求的前提下，它的几何尺寸应尽量小，静压管应对气流方向的变化尽量不敏感。静压孔轴线应垂直于气流方向。下面探讨三种常用的静压管。

（1）L 形（直角形）静压管。L 形静压管结构简单，加工容易，性能较好，应用较广泛，主要缺点是轴向尺寸较大。由于静压管头部呈半球体，气流在此获得加速，静压降低。又因为支杆对气流有滞止作用，流速降低，静压升高，所以在 L 形静压管的头部和支杆之间选择适当的位置设置静压孔，可以得到接近真实静压的测量值。

气流方向与头部轴线的夹角为 L 形静压管的偏流角 α，α 的存在往往难以避免，这就容易引起测量误差。为了减少此影响，一般在其表面沿圆周方向等距离开 2 ～ 8 个静压孔。

（2）圆盘形静压管。测量时，圆盘形静压管应和气流的流动方向垂直，使圆盘平面平行于气流方向，其静压孔感受到的就是气流的静压。圆盘形静压管的测量值对与圆盘平面平行的气流方向变化（α 角的变化）不敏感，但对气流与其轴向的夹角（β 角）的变化却极其敏感，所以它的加工精度要求高，特别要求支杆与圆盘平面垂直。使用时要特别注意 β 角的影响，并避免损坏圆盘，即使轻微的损伤也会降低测量精度。测量的误差及对 β 角的敏感性常随圆盘直径的减小而增大，但直径过大又增加了对气流的干扰，圆盘直径取 15～20 mm。

（3）带导流管的静压管。一般静压管的不敏感偏流角都较小，在静压孔外加了导流管后，这种状况得到了明显的改善。不敏感偏流角 α_p 可达 30°，β_p 可达 20°。这种静压管可用于在三元气流中测量静压，但导流管的形状比较复杂，加工也比较困难，其头部尺寸难以做得很小，在小尺寸的流道中难以应用。

第三节　反应堆冷却剂回路压力的测量

反应堆冷却剂回路压力同样是反应堆控制与安全运行的重要参数之一。

压力传感器一般是利用液柱高度的改变或弹性元件位移的原理制成的，由于仪表液体与冷却剂可能存在偶然相混，液柱元件从未广泛地用于堆芯或壳体内部压力的测量，其通常使用弹性敏感元件，如广东核电站使用的压力和差压变送器中的弹性元件为波纹膜、波纹管及单晶硅等。冷却剂压力可用安装在壳体内部的敏感元件来测量，也可以用延伸到壳体外部的与引压管接头相连接的敏感元件来测量。

压水堆冷却剂回路的压力测量，通常是在稳压器上安装一个支管段，再从支管段上引出几个引压管送至压力变送器来测量冷却剂回路的压力。

稳压器有七路压力测量通道：两路用于压力调节，三路向反应堆保护系统提供压力保护信息，两路用于校正压力测量通道。

压力测量按其量程可分为两种：第一种是启动和停堆过程中的宽量程测量；第二种是功率运行期间的高起点窄量程测量。在压力测量中多采用弹簧管压力计作为测量装置。

第三章 核工程的流量检测技术与质量测定

第一节 流量计与流量检测仪表的使用

一、流量计的使用

（一）差压式流量计的使用

差压式测量方法是流量测量方法中使用历史最久、应用最广泛的一种。它是根据伯努利定理，通过测量流体流动过程中产生的差压信号来测量流量的，这种差压可能是由流体滞止造成的，也可能是由流体流通截面改变引起流速变化造成的。

1. 差压式流量计的节流装置

节流装置用于测量流量，其工作原理为：在管道内部装有断面变化的节流件，当流体流经节流件时由于流束收缩，节流件前后流体的静压力不同，即在节流件的前后产生静压差，利用压差与流速的关系可进一步测出流量。节流装置由节流件、取压装置，节流件上游侧第一个阻力件、第二个阻力件，下游侧第一个阻力件，以及它们之间的直管段组成。对于未经标定的节流装置，若它与已经经过充分实验标定的节流装置几何相似和动力学相似，则在已知有关参数的条件下，节流件前后的静压力差与所流过流体的流量间有确定的数值关系，因此可以通过测量压差来测量流量。

节流件的形式很多，有孔板、喷嘴、文丘里管、圆缺孔板等。有的甚至可用管道上的部件，如弯头等所产生的压差来测量流量，但是它所产生的压差值较小，影响的因素较多，因此很难测量准确。应用最多的是孔板、喷嘴和文丘里管等节流件。我们把这几种标准化了的节流件、规定了的取压方式和规定长度的前后直管段，总称为标准节流装置。我们对这些标准节流装置在规定的流体种类和流动条件下进行了大量的实验，求得了流量与压差的关系，并形成标准。标准节流装置同时规定了它所适应的流体种类、流体流动条件，以及对管道条件、安装条件、流体参数等的要求。标准节流装置具有结构简单、使用寿命长、适应性广和不需要单独标定等优点，因此其在流量测量仪表中占据主要地位。

（1）标准节流件及其取压装置。目前国际上规定的标准节流件具体如下。

①标准孔板。

第一，孔板本体。标准孔板的形状如图 3-1 所示。

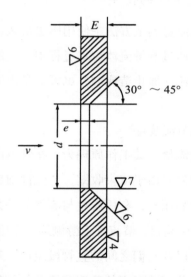

$30° \sim 45°$

图 3-1　标准孔板的形状示意图

孔板的本体是一个带有圆孔的板，圆孔与管道同心，直角入口边缘非常锐利。标准孔板的开孔直径 d 是一个非常重要的尺寸，对制成的孔板应至少取 4 个大致相等的角度并测得直径，然后取平均值。任一孔径的单测值与平均值之差不得大于 0.05 %。孔径 d 在任何情况下都应大于或等于 12.5 mm。根据所用孔板的取压方式，直径比 $\beta = d/D$（D 为管道直径），并且总是大于或等于 0.20 或 0.23，而小于或等于 0.75 或 0.80。孔板开孔上游侧的直角入口边缘应锐利、无毛刺和划痕。若直角入口边缘形成圆弧，其圆弧半径应小于或等于 0.000 4D，或无可见的反光。圆筒的厚度 e 和孔板的厚度 E 不能过大，$e=$（0.005 ～ 0.020）D，$E=e$ ～ 0.05D。在各处测得的 e 和 E 的值分别不得超过 0.001D 和 0.005D。标准孔板的进口圆筒形部分应与管道同心安装，其中心线与管道中心线的偏差不得大于 0.015D（1/β-1），孔板必须与管道轴线垂直，其偏差不得超过 1°。

第二，取压装置。取压装置是取压的位置与取压口的结构形式的总称。国际上常用的取压方式有角接取压、法兰取压和 D 与 $D/2$ 取压。

角接取压装置。角接取压装置包括单独钻孔取压用的夹紧环和环室取压用的环室。角接取压标准孔板适用于管径 D 为 50 ～ 1 000 mm 和直径比 β 为 0.22 ～ 0.80 的范围，适用的雷诺数范围为 $R_{eD}=5 \times 10^3$ ～ 5×10^7。环室取压的前后环室装在节流件的两侧。环室夹在法兰之间，法兰和环室、环室和节流件之间放有垫片并夹紧。节流件前后的静压力是从前、后环室和节流件前后端面之间所形成的连续环隙处取得的，其值为整个圆周上静压力的平均值。环隙宽度 α 规定：当 $\beta \leqslant 0.65$ 时，$0.005D \leqslant \alpha \leqslant 0.030D$；当 $\beta > 0.65$ 时，$0.01D \leqslant \alpha \leqslant 0.02D$。

对于任意的 β 值，环隙宽度 α 应为 1 ～ 10 mm。环隙的厚度 $f \geqslant 2\alpha$。环腔截面积 $hc \geqslant \frac{1}{2}\pi D\alpha$。若环隙由断续的 n 个面积为 f' 的长方形孔所组成，则 $hc \geqslant \frac{1}{2}nf'$。环腔与导压管之间的连通孔应为等直径圆筒形，其长度应大于或等于 2ϕ。ϕ 为连通的孔的直径，其值为 4 ～ 10 mm。单独钻孔取压口可以钻在法兰上，也可以钻在法兰之间的夹紧环上。钻孔直径 b 值大小的规定范围同环室取压环隙宽度，但对可能析出水汽的气体和液体，其 b 值则为 4 ～ 10 mm。取压孔如设在夹紧环内壁的出口边缘，则必须与夹紧环内壁平齐，并应有不大于取压孔径 1/10 的倒角，无可见的毛刺或突出物。取压孔应为从夹紧环内壁算起长度至少为 $2b$ 的等直径圆筒形，其轴线应尽可能与管道轴线垂直。垫片的厚度应保证 a 或 b 值不超过规定值。

法兰取压装置。法兰取压装置就是设有取压孔的法兰。上、下游的取压孔必须垂直于管道轴线，上、下游取压孔的直径 b 相同，b 值不得大于

0.08D，实际尺寸应为 6 ～ 12 mm。可以在孔板上下游侧规定的位置上同时设几个法兰取压孔，但在同一侧的取压孔应按等角距配置。法兰取压标准孔板适用的管道直径为 50 ～ 750 mm，直径比 β 为 0.10 ～ 0.75；雷诺数 R_{eD} 为 8×10^3 ～ 1×10^7。

D 和 $D/2$ 取压装置。此取压装置的特点是上下游取压口的位置名义上等于 D 和 $D/2$，但实际上可以有一定的变动范围，且不需要对流量系数进行修正。上游取压口至孔板上游端面的间距 l_{y1} 可为 0.9D ～ 1.1D。对于下游取压口至孔板上游端面的间距 l_{y2}：当 $\beta \leqslant 0.6$ 时，l_{y2} 可为 0.48D ～ 0.52D；当 $\beta > 0.6$ 时，l_{y2} 可为 0.49D ～ 0.51D。

②标准喷嘴。喷嘴的形式有标准喷嘴和长径喷嘴两种。它们的取压方式不同：标准喷嘴采用角接取压法；而长径喷嘴的上游取压口在距喷嘴入口端面的 1D 处，下游取压口在距喷嘴入口端面的 0.5D 处。标准喷嘴仅采用角接取压法，它适用的管道直径 D 为 50 ～ 1 000 mm，直径比 β 为 0.32 ～ 0.80，雷诺数为 2×10^4 ～ 2×10^6。

③文丘里管。文丘里管由入口收缩段、圆筒形喉部和圆锥形扩散段三部分组成。根据收缩段呈圆锥形或呈圆弧形，又可分为古典文丘里管和文丘里喷嘴。古典文丘里管上游取压口位于距收缩段与入口圆筒相交的平面的 1/2D 处；文丘里喷嘴上游取压口与标准喷嘴相同，它们的下游取压口分别在距圆筒形喉部起始端的 0.5D 处和 0.3D 处。

第一，古典文丘里管。古典文丘里管由入口圆筒段 A、圆锥形收缩段 B、圆筒形喉部 C 和圆锥形扩散段 E 组成。根据圆锥形收缩段内表面加工的方法和圆锥形收缩段与喉部圆筒相交的型线的不同，又可分为粗糙收缩段式、经加工的收缩段式和粗焊铁板收缩段式。

第二，文丘里喷嘴。文丘里喷嘴的型线如图 3-2 所示。

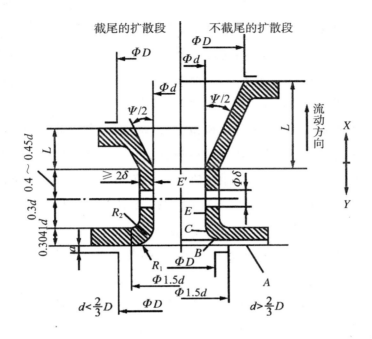

图 3-2 文丘里喷嘴型线示意图

文丘里喷嘴是由呈弧形的收缩段、圆筒形喉部和扩散段所构成的。收缩段与 ISA1932 喷嘴相同，喉部由长度为 $0.3d$ 的部分 E 和长度为 $0.4d$ 到 $0.45d$ 的部分 E' 所组成。扩散段的夹角 Ψ 应小于或等于 $30°$ 。当扩散段出口直径小于直径 D 时，其称为截头式的文丘里管；当扩散段出口直径等于直径 D 时，其称为非截头式文丘里管。扩散段的长短并不影响流量系数，但扩散段的夹角对压力损失有影响。

（2）流体条件和管道条件。流经节流装置的流量与压差的关系，是在特定的流体与流体流动条件下，以及在节流件上游侧 $1D$ 处形成典型的紊流流速分布，并且在无旋涡的条件下通过实验获得的。若流体及其流动条件改变或靠近节流件上游侧有旋涡，则它们之间的关系就要发生变化。因此，适用于节流装置的流体、流动条件、管道条件和安装要求必须符合标准的规定。

①流体条件。标准节流装置只适用于圆管中单相、均质的流体或高度分散的胶体溶液。它要求流体必须充满管道，在流经节流装置时流体不发生相

变，流速小于声速，同时流速应是恒定的或者只随时间做轻微而缓慢的变化。流体在流经节流件前，其流束必须与管道轴线平行，不得有旋涡。

②管道条件。节流装置前后直管段、上游侧第一与第二个局部阻力件间的直管段及差压信号管路。节流装置前后的管段，经目测应是直的。节流件用的测量圆管的直径，在节流件上下游侧 $2D$ 长度范围内必须实测。其方法为在上游侧 $0D$、$1/2D$、$1D$ 和 $2D$ 处，在与管道轴线垂直的截面上各取大致相等的等角距离的 4 个内径的单测值，此 16 个单测值的平均值为计算得到的管道内径，并要求任意单测值与平均值间的偏差不得大于 0.3 %。下游侧的直管段亦应如此，但要求较低，任意单测值与平均值间的偏差不得大于 2 %。

（3）节流装置流量计用的差压计。节流装置与差压计共同组成了节流件变压降式流量计。工业上使用的差压计主要有双管式、环天平式、钟罩式、浮子式、膜式和双波纹管式等。根据需要，差压计可配有指示、记录和流量积算装置。有的还加上远传变送器、报警和自动调节装置等。

差压计的标尺可按压差分度，也可按流量分度。差压计的额定压差上限值 Δp 为由下式决定的系列值：

$$\Delta p = b \times 10^n \qquad (3-1)$$

式中 b 为 1.0、1.6、2.5、4.0 和 6.3 中任意的一个数值；n 为任意一个正的或负的整数或零。按流量分度时，额定上限值 Q 等于由下式所决定的系列值：

$$Q = a \times 10^n \qquad (3-2)$$

式中 a 为 1.00、1.25、1.60、2.50、3.20、4.00、5.00、6.30 和 8.00 中任意的一个数值；n 为任意一个正的或负的整数或零。

流量与压差间为平方关系，因此差压计标尺上的流量分度是不均匀的，越接近标尺上限分格越大。若要进行流量积算，求得累计流量或者将流量信号输入调节系统，就必须对流量标尺进行线性化，也就是通过差压计结构上的开方装置或电子开方线路对差压计输出信号进行开方，得到与流量呈线性关系的信号。配合标准节流装置的差压计可以是双波纹管式差压计或膜式差压计。

2. 差压式的转子流量计

在工业生产和科研工作中，经常遇到小管径的流量测量问题，而节流装置在管径小于 50 mm 时，还未实现标准化，所以对较小管径的流量测量常用转子流量计。对于比较大的流量测量问题（管道口径在 ϕ 100 以上），不用转子流量计，因为这种口径的转子流量计比其他流量计显得笨重。

转子流量计具有结构简单、工作可靠、压力损失小且恒定、界限雷诺数低和可测较小流量，以及刻度线性等优点，已广泛应用于气体、液体的流量测量和自动控制系统中。转子流量计分为玻璃管转子流量计和金属管转子流量计两大类。玻璃管转子流量计除基型外还有耐腐蚀型、保温型和分流型。金属管转子流量计除基型外还有特殊耐腐蚀型和保温型。

（1）转子流量计的工作原理。转子流量计是一个垂直安装的锥管，其中有一个可以上下自由浮动的浮子，所以转子流量计也称为浮子流量计。浮子在自下而上流动的流体作用下上下浮动，其工作原理如图 3-3 所示。

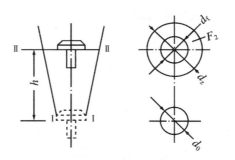

图 3-3 转子流量计的工作原理图

浮子在锥管中形成一个环形流通面积，它比浮子上、下面锥管流通面积小而产生节流作用，故在浮子上下面形成静压差，此力方向向上。作用在浮子上的力还有重力、流体对浮子的浮力和流体对浮子的黏性摩擦力，这些力互相平衡时浮子停留在一定的位置上。如果流量增加，环形流通截面中的平均流速也加大，使得浮子上下面的静压差增加。浮子向上升起，在新位置环形截面积增大，使差压减小，直至差压恢复到原来的数值，这时转子平衡于较上部新的位置上，因此可由转子在锥管中的位置来指示流量。根据节流原理，在节流件前后产生的压差与 $\dfrac{\gamma}{2g}v^2$ 成正比，黏性摩擦力也与 $\dfrac{\gamma}{2g}v^2$ 成正比，故浮子受向上作用的压力公式如下：

$$p = \alpha' \frac{\gamma}{2g} v_2^2 \qquad (3\text{-}3)$$

式中，α' 为系数；v_2 为 II - II 截面处环形流通面积中的平均流速；g 和 γ 分别为重力加速度和被测流体的重度。浮子在流体中重力与浮力之差，即作用于浮子上的向下作用力如下：

$$V\left(\gamma_{\mathrm{f}} - \gamma\right) \qquad (3\text{-}4)$$

式中，V、γ_{f}、γ 分别为浮子的体积、重度和被测流体的重度。

当浮子处于平衡位置时，其应满足下式：

$$V\left(\gamma_{\mathrm{f}} - \gamma\right) = pF_{\mathrm{f}} \qquad (3\text{-}5)$$

$$V\left(\gamma_{\mathrm{f}} - \gamma\right) = \alpha' F_{\mathrm{f}} \frac{\gamma}{2g} v_2^2 \qquad (3\text{-}6)$$

式中，F_{f} 为浮子的最大横截面积。

被测流体的体积流量如下：

$$q_v = F_2 v_2 \qquad (3\text{-}7)$$

将式（3-6）代入式（3-7）得到下列公式：

$$q_V = \alpha F_2 \sqrt{\frac{2gV\left(\gamma_{\mathrm{f}} - \gamma\right)}{\gamma F_{\mathrm{f}}}} \qquad (3\text{-}8)$$

$$q_W = \alpha F_2 \sqrt{\frac{2gV\gamma\left(\gamma_{\mathrm{f}} - \gamma\right)}{F_{\mathrm{f}}}} \qquad (3\text{-}9)$$

式中，q_v、q_w 和 α 分别为被测流体的体积流量、重力流量和流量系数，F_2 为在 II - II 截面处浮子与锥管间形成的环形流通面积。

流量系数 α 与浮子的形状、流量计的结构和被测流体的黏度有关，只能由实验来确定。环形流通面积如下：

$$F_2 = \frac{\pi}{4}\left(d_z^2 - d_f^2\right) = \frac{\pi}{4}\left[\left(d_0 + nh\right)^2 - d_f^2\right] \tag{3-10}$$

式中，d_z 和 d_f 为截面 II - II 处锥管的内径和浮子的最大直径，d_0 为刻度标尺零点处锥管的内径，n 为浮子升起单位高度锥管内径变化的大小，h 为由刻度标尺零点算起浮子升起的高度。

由式（3-8）和式（3-9）可以看出，如以 h 作为被测流体流量的刻度标尺，则流量 q_v 与 h 之间是非线性关系。在金属转子流量计中，通过调整传动链中第一个四连杆机构刻度可以实现线性化。玻璃转子流量计是通过控制非线性误差在基本允许误差范围内来解决非线性问题的。由式（3-10）可以看出 $F_2 = f(h)$ 是浮子上升高度的函数。在式（3-8）中，令 $K = \sqrt{\dfrac{2gV\left(\gamma_f - \gamma\right)}{\gamma F_f}}$，则有 $q_V = \alpha K f(h)$，要得到线性刻度，就必须满足 $q_v = ah$，式中 $a = \dfrac{q_{V_{\max}}}{h_{\max}}$，将式 $q_V = \alpha K f(h)$ 代入式 $q_v = ah$ 得到如下公式：

$$f(h) = \frac{a}{\alpha K}h = \frac{\pi}{4}\left(d_z^2 - d_f^2\right) \tag{3-11}$$

$$d_z^2 = d_f^2 + \frac{4a}{\pi \alpha K}h \tag{3-12}$$

当锥管直径与 h 的关系满足上式时即可保证线性刻度，但 α 本身不能保持恒定，因此要按圆锥形制造锥管。

（2）被测介质重度 γ 改变时示值的换算。转子流量计的流量方程式（3-8）及式（3-9）是在重度 γ 为常数（不可压缩性流体）的条件下导出的。仪表在出厂前是用水或空气标定的，只要流量方程中各量值在使用时与标定时一样，仪表的示值就是准确的。如果使用时的温度、压力及被测介质与标定时不同，仪表的示值必须修正。值得注意的是，通常认为标定时是标准状态，即温度 T=293.16 K，压力 p=0.1 MPa。

①测量非水液体时的修正系数。测量非水液体时的修正系数如下：

$$K = \frac{q_{V2}}{q_{V1}} = \frac{\alpha_2}{\alpha_1} \sqrt{\frac{(\gamma_f - \gamma_2)\gamma_1}{(\gamma_f - \gamma_1)\gamma_2}} \qquad (3\text{-}13)$$

式中 q_{V1} 和 q_{V2} 分别为用水标定时的流量示值和非水被测介质的实际流量值；γ_1 和 γ_2 分别为水的重度和非水被测介质的实际重度；γ_f、α_1 和 α_2 分别为浮子的重度、测量水时的流量系数和测量非水介质时的流量系数，当被测介质的黏度与水的黏度差别很小时，可以认为 $\alpha_1 = \alpha_2$。

②测量非空气气体时的修正系数。对气体来说，$\gamma_f \geqslant \gamma_1$。这里 $\gamma_f \geqslant \gamma_2$ 是浮子的重度，γ_1 是空气在标准状态下的重度，γ_2 是被测气体标准状态下的重度。如果仪表工作时被测气体的温度、压力与标定时相同，则由式（3-8）可得修正系数如下：

$$K' = \frac{q'_{v2}}{q_{v_1}} = \sqrt{\frac{\gamma_1}{\gamma_2}} \qquad (3\text{-}14)$$

如果工作时被测气体的温度、压力和在标准状态下的重度均与标定时不同，则修正系数如下：

$$K = \sqrt{\frac{p_1 T_2 \gamma_1}{p_2 T_1 \gamma_2}} = \frac{q_{v2}}{q_{v1}} \qquad (3\text{-}15)$$

式中：q_{v1} 和 q'_{v2} 分别为标准状态时仪表的示值和被测气体为标准状态时的流量值；q_{v2} 为被测气体的实际流量值；p_1 和 p_2 分别为标定时和工作时被测气体的绝对压力；T_1 和 T_2 分别为标定时和工作时被测气体的绝对温度。

3. 差压式的弯管流量计

（1）弯管流量计的原理及其流量公式。弯管流量计是一种尚未标准化的差压流量计，它没有附加压损，安装简易而且廉价。稳定流动的流体通过弯管时，由于离心力的作用在弯管内、外侧壁上产生压力差，曲率半径一定的 90° 弯管，在离开其弯曲中心最远位置和最近位置上所测得压力差的平方根正比于流体的流速，即正比于流体的流量，这就是弯管流量计的基本原理。

弯管流量计的最简单形式就是一个普通的管道弯头。通常在弯头曲率半径所确定的平面（纵向截面）上离开弯头，进口端面 45° 的外表面和内表面上配置取压口。利用伯努利方程可以推导出弯管流量计的流量公式，流量公式如下：

$$q_m = \left(\frac{\pi}{4}D^2\right)\sqrt{\frac{R}{2D}}\sqrt{2\rho(P_1-P_2)} \qquad (3\text{-}16)$$

$$q_V = \left(\frac{\pi}{4}D^2\right)\sqrt{\frac{R}{2D}}\sqrt{\frac{2}{\rho}(P_1-P_2)} \qquad (3\text{-}17)$$

式中，q_m 为通过弯管的流体的质量流量，q_V 为通过弯管的流体的体积流量，D 为弯管的内径，R 为弯管的曲率半径，ρ 为流体的密度，P_1 为弯管外侧壁压力，P_2 为弯管内侧壁压力。

式（3-16）和式（3-17）是根据强制旋流理论推导出的理论流量公式，在实际使用时必须加以校正，因此引入校正因数 α，有如下公式：

$$q_m = \alpha\left(\frac{\pi}{4}D^2\right)\sqrt{\frac{R}{2D}}\sqrt{2\rho(P_1-P_2)} = C\left(\frac{\pi}{4}D^2\right)\sqrt{2\rho(P_1-P_2)} \quad (3\text{-}18)$$

$$q_V = \alpha\left(\frac{\pi}{4}D^2\right)\sqrt{\frac{R}{2D}}\sqrt{\frac{2}{\rho}(P_1-P_2)} = C\left(\frac{\pi}{4}D^2\right)\sqrt{\frac{2}{\rho}(P_1-P_2)} \quad (3\text{-}19)$$

式中，$C = \alpha\sqrt{R/2D}$，C 为流量系数。

α 的数值取决于取压口的配置位置。当取压口位于离开 90° 弯头，进、出口平面都为 45° 的中央直径线最近和最远位置上时，$\alpha = 1$。若 R 和 D 的尺寸能精确测定，弯头内径等于直管内径，且弯头上游的直管长度不小于 $25D$，α 的分布范围为 0.96～1.04，即 C 值直接采用，误差为 ±4%。

（2）弯管流量计的使用。因为弯管流量计对给定流量所产生的压差有良好的复现性（±0.2%～±0.1%），所以其相当良好地用于压水堆冷却剂流量的检测和控制系统。若对绝对精度有明确的要求，则须对检测系统进行实际流量标定，最好是在现场用实际工作流体进行标定。

对于不经个别标定的实际应用，若精度要求在 3%～5%，则必须精确测定弯管的曲率半径，特别要精确测定弯头的内径 D，弯头的内径与连接管的内径应相等（偏差在 1% 以内）。

弯管流量计的上、下游要有足够的直管段（$l_1=28D$，$l_2=7D$），取压口应位于弯管的中央直径上弯曲的最外侧和最内侧，取压口直径应大于 $D/8$，同时要特别注意两个取压口必须对准。

（二）速度式流量计

速度式流量计是通过测量流速来测得体积流量的，因此了解被测流体的流速分布及其对测量的影响是十分重要的。速度式流量测量方法以直接测量管道内流体流速作为流量测量的依据。若测得的是管道截面上的平均流速 $\bar{v}$，则流体的体积流量 $q_V=\bar{v}A$，A 为管道截面积。若测得的是管道截面上的某一点流速 v_r，则流体的体积流量 $q_V=Kv_rA$，K 为截面上的平均流速与被测点流速的比值，它与管道内的流速分布有关。

在典型的层流或紊流分布的情况下，圆管截面上流速的分布是有规律的，K 为确定的值，但在阀门、弯头等局部阻力件后流速分布变得非常不规则，K 值很难确定，而且通常是不稳定的。因此，速度式流量测量方法的一个共同特点是测量结果的准确度不但取决于仪表本身的准确度，而且与流速在管道截面上的分布情况有关。为了使测量时的流速分布与仪表分度时的流速分布相一致，在仪表的前后必须有足够的直管段或加装整流器，以使流体在进入仪表前的速度分布达到典型的层流和紊流的速度分布，如图 3-4 所示。

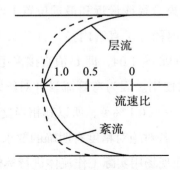

图 3-4　圆管内速度分布图

对于半径为 R 的圆管，在层流（$Re_D < 2300$）的情况下，由于流动分层，沿管道截面的流速分布如下：

$$v_r = v_{max}\left[1-\left(\frac{r}{R}\right)^2\right] \tag{3-20}$$

式中：v_{max} 为管道中心处的最大流速；v_r 为离管道中心 r 处的流速；r 为离管道中心的距离。也就是说，在层流情况下，流速沿管道截面按抛物面分布。由此可计算出管道截面上的平均流速是在 $r_0=0.7071R$ 处，其数值为管道中心最大流速 v_{max} 的一半，而沿管道直径的流速分布为一抛物线，沿直径的平均速度 $\overline{v}_D = \frac{2}{3}v_{max}$，所以层流情况下截面上的平均速度 $\overline{v}$ 是直径上的平均流速 $\overline{v}_D$ 的 3/4 倍。

在紊流情况下，由于存在流体的径向流动，流速分布随 Re_D 数的增高而逐渐变平，变平的程度还与管道的粗糙度有关。对于光滑管道（$K_s/D < 0.0004$，其中 D 为管道内径，K_s 为内壁的绝对粗糙度），可由如下经验公式表示圆管中紊流下的流速分布：

$$v_r = v_{max}\left(1-\frac{r}{R}\right)^{\frac{1}{n}} \tag{3-21}$$

式中，n 为与流体管道雷诺数心 Re_D 有关的常数，r 为离管道中心的距离。

1. 速度式的涡轮流量计

涡轮流量计的优点包括：①精度高，基本误差为 0.25 % ～ 1.50 %；②量程比大，一般为 10：1；③惯性小，时间常数为毫秒级；④耐压高，被测介质的静压可高达 10 MPa；⑤使用温度范围广，有的型号可测 -200 ℃的低温介质的流量，有的可测 400 ℃的介质的流量；⑥压力损失小，一般为 0.02 MPa；⑦输出的是频率信号，容易实现流量积算和定量控制，并且抗干扰。它可用于测量轻质油（汽油、煤油、柴油）、黏度低的润滑油及腐蚀性不大的酸、碱溶液。仪表的口径为 $\phi 400 \sim \phi 600$，插入式可测管道直径为 $\phi 100 \sim \phi 1000$ 的流量；流体中不能含有杂质，否则误差大，轴承磨损快，仪表寿命低，故仪表前最好装过滤器；不适于测量黏度大的液体。

（1）速度式涡轮流量计的原理。涡轮流量计实际上为一零功率输出的涡轮机。被测流体通过时，冲击涡轮叶片，使涡轮旋转。在一定的流量范围、一定的流体速度下，涡轮转速与流速成正比。当涡轮转动时，涡轮上由导磁不锈钢制成的螺旋形叶片轮流接近处于管壁上的检测线圈，周期性地改变检测线圈磁电回路的磁阻，使通过线圈的磁通量发生周期性改变，检测线圈产生与流量成正比的脉冲信号。此信号经前置放大器放大后，可远距离传送至显示仪表，在显示仪表中对输入脉冲进行整形：一方面，对脉冲信号进行积算以显示总量；另一方面，将脉冲信号转换为电流输出指示瞬时流量。将涡轮的转速转换为电脉冲信号除上述磁阻方法外，也可采用感应方法。这时，转子用非导磁材料制成，将一小块磁钢埋在涡轮的内腔，当磁钢在涡轮带动下旋转时，固定于壳体上的检测线圈感应出电脉冲信号。磁阻方法比较简单，并可提高输出电脉冲的频率，有利于提高测量的准确度。

速度式涡轮流量计的导流器作用是导直流体的流束及作为涡轮的轴承支架。导流器和仪表壳体均由非导磁不锈钢制成。使用时，轴承性能的好坏是涡轮流量计使用寿命长短的关键。目前，一般采用不锈钢滚珠轴承和聚四氟乙烯、石墨、碳化钨等非金属材料制成的滑动轴承。不锈钢滚珠轴承适用于清洁的、有润滑性的液体和气体测量，流体中不能含有固体颗粒；聚四氟乙烯、石墨、碳化钨等非金属材料制成的滑动轴承可用于非润滑性流体、含微小颗粒和腐蚀性流体测量，以及因液态流体突然汽化等而有可能造成涡轮高速运转的场合。

（2）速度式涡轮流量计的流量公式。当叶轮处于匀速转动的平衡状态，并假定涡轮上所有的阻力矩均很小时，涡轮运动的稳态公式如下：

$$\omega = \frac{v_0 \tan \beta}{r} \tag{3-22}$$

式中：ω 为涡轮的角速度；v_0 为作用于涡轮上的流体速度；r 为涡轮叶片的平均半径；β 为叶片对涡轮轴线的倾角。

检测线圈输出的脉冲频率为：

$$f = nz = \frac{\omega}{2\pi} z \qquad (3\text{-}23)$$

$$\omega = \frac{2\pi f}{z} \qquad (3\text{-}24)$$

式中：z 为涡轮上的叶片数；n 为涡轮的转速。

流体速度 v_0 的公式如下：

$$v_0 = \frac{q_v}{F} \qquad (3\text{-}25)$$

式中，q_v 为流量体体积流量，F 为流量计的有效通流面积。将式（3-22）、（3-25）代入公式（3-24）得如下公式：

$$f = \frac{z \tan \beta}{2\pi rF} q_v \qquad (3\text{-}26)$$

令 $\xi = \dfrac{f}{q_v}$，ξ 为仪表常数，则可得如下公式：

$$\xi = \frac{z \tan \beta}{2\pi rF} \qquad (3\text{-}27)$$

理论上，仪表常数 ξ 仅与仪表结构有关，但实际上，ξ 值受很多因素的影响。例如，因轴承摩擦及电磁阻力矩变化而产生的影响，涡轮与流体之间黏性摩擦阻力矩的影响，以及因速度沿管截面分布不同而产生的影响。

仪表出厂时，由制造厂在标定后给出其在允许流量测量范围内的平均值。因此，在一定时间间隔内流体流过的总量 q_v 与输出总脉冲数 N 之间的关系为 $q_v = \dfrac{N}{\xi}$。在小流量下，由于存在的阻力矩比较大，仪表常数 ξ 急剧下降，在从层流到紊流的过渡区中，由于层流时流体黏性摩擦阻力矩比紊流时要小，在特性曲线上出现 ξ 的峰值；当流量再增大时，转动力矩大大超过阻力矩，因此特性曲线虽稍有上升但近于水平线。通常仪表允许使用在特性曲线的平直部分，使 ξ 的线性度为 $\pm 0.5\%$，复现性为 $\pm 0.1\%$。

由于黏性阻力矩的存在，涡轮流量计的特性受流体黏度变化的影响较大，特别是在低流量、小口径时更为显著，因此应对涡轮流量计进行实液标定。制造厂常给出仪表用于不同流体黏度范围时的流量测量下限值，以保证在允许测量范围内仪表常数的线性度仍为 ±0.5 %。在用涡轮流量计测量燃油流量时，保持油温大致不变，使黏度大致相等是重要的。

为了降低管内流速分布不均匀的影响，要保证在流量计前的流速分布不被局部阻力扭曲，仪表前要有 15D 以上、仪表后要有 5D 以上的直管段。其中 D 是管道直径，必要时要加装整流器。

仪表前应加装滤网，防止杂质进入。仪表在使用时应特别注意不能超过规定的最高工作温度、压力和转速。例如，在用高温蒸汽清扫工艺管路时常常会使涡轮流量计损坏，因此必须加装旁路，使冲洗蒸汽不经过仪表。另外，流量计应水平安装，垂直安装会影响仪表特性。仪表应加装逆止阀，防止涡轮倒转。

（3）速度式的涡轮流量计显示仪表。涡轮流量计的显示仪表实际上是一个脉冲频率测量和计数的仪表，它将涡轮流量变送器输出的单位时间内的脉冲数和一段时间内的脉冲总数按瞬时流量和累计流量显示出来。这类显示仪表的形式很多，主要由整形电路、频率瞬时指示电路、仪表常数除法运算电路、电磁计数器和自动回零电路、机内振荡器和电源等部分组成。整形电路为射极耦合双稳态电路，它将来自变送器前置放大器的脉冲信号整形，使其成为具有一定幅度并满足脉冲前沿要求的方波信号。

如式 $q_v = \dfrac{N}{\xi}$ 所示，一段时间内流体流过的总量 q_v 等于总脉冲数 N 除以仪表常数 ξ，而 ξ 值对于不同的涡轮流量变送器来说是不一样的，出厂时经标定给出，因此要设置一个可变换的系数，与输出脉冲数进行除法运算，才能将脉冲数换算成流体总量数，这些是由仪表常数除法运算电路来完成的。该电路由四位十进制计数触发器、系数设定器和与门组成。计数触发器的 4 个输出端分别与 4 层波段开关的各层相连，成为系数设定器。根据配套的涡轮流量变送器的 ξ f 值，可在波段开关上设定 0 ～ 9 999 相应的 ξ 值。当整形电路输入 ξ 个脉冲时，除法电路通过与门输出脉冲信号，驱动电磁计数器走 1 个字，表明有 1 个单位体积的流体流过。此信号脉冲同时触发回零单稳，使各个计数触发器复位至零，准备下次继续计数。若 ξ 带有小数，则在设置常数时要整数化，乘以 10^m（m 为正整数）。而计数器记下的总流量数也要乘上 10^m。频率瞬时指示电路的作用是将整形后的脉冲频率线性地转换为电流输出，通过一微安表来指示瞬时流量，表的标尺以频率（赫兹）数分度，指示的频率值除以配套涡轮流量变送器的仪表常数就可以得到瞬时体积流量 q_v 值。

仪表自校时可将开关拨至校验位置，由仪表内的多谐振荡器供给恒定频率的脉冲信号或用电网 50 Hz 频率的信号进行校验。

2. 速度式的涡街流量计

由于涡街流量计的测量范围宽（仪表口径越大，测量范围越宽，一般可达 100 : 1），阻力小，具有数字输出功能，其结构简单且安装、维护方便，输出信号有不受流体压力、温度、黏度和密度的影响等优点，正受到广泛的关注。目前，涡街流量计的准确度为 ±（0.5 % ～ 1 %）。该流量计对于大口径管道的流量测量（烟道排气和天然气流量测量）来说更为便利，这种流量计占流量计市场的 3 % ～ 5 %。其按测量原理可分为体积式和质量式，按检测方式分为热敏式、压力式、电容式、超声式、振动式、光电式、光纤式等。

（1）速度式涡街流量计的原理。在流体中放置一个对称形状的非流线型柱体时，在它的下游两侧就会交替出现旋涡，涡的旋转方向相反，并轮流地从柱体上分离出来，在下游侧形成旋涡列，也称为"卡门涡街"。当旋涡之间的纵向距离 h 和横向距离 1 之间满足下列关系时，非对称的"卡门涡街"是稳定的。

$$\text{sh}\left(\frac{\pi h}{l}\right) = 1 \qquad (3\text{-}28)$$

h 和 l 的比值如下：

$$\frac{h}{l} = 0.281 \qquad (3\text{-}29)$$

单侧的旋涡产生频率 f 与柱体附近的流体流速 v 成正比，与柱体的特征尺寸 d 成反比：

$$f = Sr \cdot \frac{v}{d} \tag{3-30}$$

式中，Sr 为无因次数，称斯特劳哈尔数。

Sr 是以柱体特征尺寸 d 计算流体雷诺数的函数。而且，当 Re_D 为 $2 \times 10^4 \sim 7 \times 10^6$ 时，Sr 基本不变。对于圆柱体，Sr 的数值为 0.2；对于等边三角形柱体，Sr 的数值为 0.16。因此，当柱体的形状、尺寸决定后，就可通过测定单侧旋涡释放频率 f 来测量流速和流量。

对于工业圆管，涡街流量计一般应用在 Re_D 为 $1\,000 \sim 100\,000$ 的情况中。设管内插入柱体和未插入柱体时的管道通流截面比为 m，对于直径为 D 的圆管，可以证明如下公式：

$$m = 1 - \frac{2}{\pi}\left(\frac{d}{D}\sqrt{1 - \left(\frac{d}{D}\right)^2} + \arcsin\frac{d}{D} \right) \tag{3-31}$$

当 $\dfrac{d}{D} < 0.3$ 时，有 $m \approx 1 - 1.25\dfrac{d}{D}$，根据流动的连续性，有柱体处的流速 v 与两者流通截面积成反比，即 $\dfrac{\overline{v}}{v} = m$，将式 $m \approx 1 - 1.25\dfrac{d}{D}$ 和 $\dfrac{\overline{v}}{v} = m$ 代入式（3-30），可得到圆管中旋涡的发生频率 f 与管内平均速流 $\overline{v}$ 的关系：

$$f = \frac{Sr}{\left(1 - 1.25\dfrac{d}{D}\right)} \times \frac{\overline{v}}{d} \tag{3-32}$$

所以，体积流量与频率 f 之间的关系为：

$$q_V = \frac{\pi D^2}{4}\overline{v} = \frac{\pi D^2}{4}\left(1 - 1.25\frac{d}{D}\right)\frac{fd}{Sr} \tag{3-33}$$

令 ξ 为仪表常数，则可得：

$$\xi = \frac{4Sr}{\pi D^2 d\left(1 - 1.25\dfrac{d}{D}\right)} \quad\quad （3-34）$$

（2）频率信号的检出。旋涡频率信号的检出方法很多。可以利用旋涡发生时发热体散热条件变化的热检出；也可用旋涡产生时旋涡发生体两侧产生的差压来检出，差压信号可通过电容变送或应变片变送等。例如，在三角柱旋涡流量计中，在三角柱体的迎流面中间对称地嵌入两个热敏电阻，因三角柱表面涂有陶瓷涂层，所以热敏电阻与柱体是绝缘的。在热敏电阻中通以恒定电流，使其温度在流体静止的情况下比被测流体高 10 ℃左右。在三角柱两侧未发生旋涡时，两只热敏电阻温度一致、阻值相等。当三角柱两侧交替发生旋涡时，在发生旋涡的一侧流体的旋涡发生能量损失，流速要低于另一侧，因而换热条件变差，使这一侧热敏电阻温度升高，阻值变小。以这两个热敏电阻为电桥的相邻臂，电桥对角线上就输出一列与旋涡发生频率相对应的电压脉冲，经放大、整形后得到与流量相应的脉冲数字输出，或用"脉冲电压"转换电路转换为模拟量输出，供指示和累计用。

（3）涡街流量计的安装使用。①为了保证测量精度，流量计安装位置的前后应有必要的直管段。上游侧有缩径阻力件时，要有 15D 的直管段；有同平面弯头时，要有 20D 的直管段；有阀门时，要有 50D 的直管段。下游侧的直管段应为 5D 以上。②涡街流量计可以水平、垂直或在其他位置安装，但测量液体时如果是垂直安装，应使液体自下向上流动，以保证管路中总是充满液体。③要安装于没有冲击和振动的管线上。对于蒸汽管路可能会有冲击和振动，因此要安装支架。虽然涡街流量计的结构比其他多数流量计耐冲击和振动，但还是应尽量安装在冲击和振动都小的地方。④周围的温度和气体条件也应考虑。应尽量远离高温热辐射源，也应避开环境温度变化大的地方。若难以避免，则应采取隔热措施。另外，要尽量远离有腐蚀性气体的环境。⑤虽然防水型涡街流量计具有相当好的防水结构，但也不要浸没在水中使用。

3. 速度式的电磁流量计

电磁流量计无可动部件和插入管道的阻流件，所以压力损失极小。其流速测量范围很宽（0.5 ~ 10.0 m/s），口径为 1 ~ 2 000 mm，反应迅速，可用于测量脉动流、双向流，以及灰浆等含固体颗粒的液体流量。速度式的电磁流量计安装使用具体如下。

（1）电磁流量计应安装在没有强电磁场的环境中，附近不应有大的用电设备。

（2）应将变送器的"地"与被测液体和转换器的"地"用一根导线连接起来，并用接地线将其深埋地下，接地电阻应小，接地点不应有地电流。

（3）为了保证变送器中没有沉积物或气泡积存，变送器最好垂直安装，被测流体自下而上流动。如条件不允许，也应使变送器低于出口管，以免积存气体。应保证测量电极在同一水平线上。

（4）为了保证被测液体流速的对称性，变送器前应有一定长度的直管段。上游侧如有弯头、三通、异径管等，变送器前应加 5 倍管径的直管段；如有各种阀门，应有 10 倍管径的直管段。下游侧可以短一些。

（5）为方便检修变送器和仪表调零，变送器应加旁路管，这样可以使变送器充满不流动的被测液体，便于仪表调零。

（6）信号线应单独穿入接地钢管，绝不允许和电源线穿在一个钢管里。信号线一定要用屏蔽线，长度不得大于 30 m。若要求加长信号线，必须采取一定的措施，如用双层屏蔽线、屏蔽驱动等。

（7）被测液体的流动方向应为变送器规定的方向，否则流量信号相移 180°，相敏检波不能检出流量信号，仪表将没有输出。被测液体的流速也有一定限制，最低流速不能低于仪表量程的 10 %，最高流速最好不超过 10 m/s。当测量严重磨损衬里的液体时，应降低最大流速至 3 m/s。

（8）被测液体电导率的下限由转换器的输入阻抗决定。如果输入阻抗为 100 Mfl，那么被测液体的电导率不得低于 10 μ Ω/cm。

（9）不能测量电导率很低的液体，如石油制品、有机溶液等。

（10）不能测量气体、蒸汽和含有较多较大气泡的液体。

（三）质量流量计

在生产中，为了满足过程控制及成本核算的要求，人们通常需要准确地知道流过流体的质量是多少，因此需要有能直接测定流体质量流量的质量流量计。前面我们介绍的流量计都是直接测量体积流量的仪表，或者其输出信号与流体密度直接有关（如差压式流量计），因此在被测参数密度变化的情况下就无法得到准确的质量流量的数值。

目前，质量流量计主要可以分为两大类：直接式质量流量计和间接式质量流量计。直接式质量流量计直接检测被测流体的质量流量，如量热式质量流量计、差压式质量流量计、科里奥利质量流量计；间接式质量流量计通过体积流量计和密度计的组合来测量质量流量，或者通过测量被测流体的体积流量、温度和压力，根据流体密度和温度、压力的关系，通过计算单元求得流体密度，然后与体积流量相乘得到反映质量流量的信号，如推导式质量流量计、温度压力补偿式质量流量计。

1. 直接式质量流量计

流体的质量流量为 $q_m = A\rho v$，式中 A 为流量计通流面积，ρ 为流体密度，v 为流体在截面上的平均流速。如果通流截面 A 为常数，则测量 ρv 就可得到 q_m，而 ρv 实际上代表了单位体积的流体所具有的动量。

（1）双涡轮式质量流量计。双涡轮式质量流量计如图 3-5 所示。

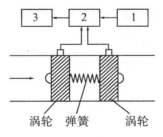

涡轮　弹簧　涡轮

1—时基脉冲发生器；2—门电路；3—计数器。

图 3-5　双涡轮式质量流量计

双涡轮式质量流量计相互用弹簧连接的两个涡轮一前一后地处于管道中，它们的叶片倾角不同，分别为 θ_1 和 θ_2。当流体流过两个涡轮时，涡轮上所受转动力矩分别为 M_1 和 M_2，且 $M_1=K_1q_mv\sin\theta_1$，$M_2=K_2q_mv\sin\theta_2$。式中：K_1 和 K_2 为装置常数；q_m 为通过的质量流量；v 为通过的流体流速。因此，可得两个涡轮的力矩差公式：

$$\Delta M = M_1 - M_2 = \left(K_1\sin\theta_1 - K_2\sin\theta_2\right)q_mv \qquad (3\text{-}35)$$

式中 K_1、K_2、θ_1、θ_2 都是常数，故 ΔM 与 q_mv 成正比。而 ΔM 又与连接两个涡轮的弹簧扭转角度 α 成正比，故 $\alpha \propto q_mv$，α 由两个涡轮之间的相对角度移位反映出来。因为两个涡轮是连成一体的，在稳定的情况下，他们的回转速度 ω 是相同的，并与流体的速度 v 成正比，即 $\omega \propto v$。设涡轮转过角位移 α 所需要的时间为 t，则可得如下公式：

$$t = \frac{\alpha}{\omega} = K\frac{q_mv}{v} = Kq_m \qquad (3\text{-}36)$$

式中，K 为常数。

因此，计算出两个涡轮转过扭转角度 α 所需的时间 t，就可求得质量流量 q_m。时间 t 的测定是利用安装在管壁上的两个电磁检测器实现的。当一个涡轮产生的电脉冲打开计数器的控制门时，计数器开始计数，直至另一涡轮产生的电脉冲关闭计数器控制门为止，因为时基脉冲周期是已知的，所以这段时间内计数器测得的时差脉冲数就代表时间 t，它也就是与质量流量成正比的脉冲数字输出信号。

（2）科里奥利质量流量计（以下简称"科氏力流量计"）。科氏力流量计是利用被测流体在流动时的力学性质，直接测量质量流量的装置。它的原理简单而普遍性强，能直接测得液体、气体和多相流的质量流量，并且不受被测流体温度、压力、密度和黏度的影响，测量准确度高。科氏力流量计的基本原理是根据牛顿第二定律建立起力、加速度和质量三者之间的关系。这类仪表的结构有许多种，本书以弯管科氏力流量计为例进行阐述，介绍其结构及工作原理。

弯管科氏力流量计的两根几何形状和材料力学性质完全一致的 U 形管，牢固地焊接在流量计进出口间的支承座上，并在一驱动线圈的作用下以一定的频率绕流量计进口、出口轴线振动，被测流体从 U 形管中流过，其流动方向与振动方向垂直。两根 U 形管的振动方向相反，使流量计在有外界环境振动的影响下，可以消除外界振动的影响。当一质量为 m 的物体在旋转参考系中以速度 v 运动时，其将受到一个力的作用，其值的公式如下：

$$F_k = 2m\omega \times v \qquad (3\text{-}37)$$

式中：F_k 为科氏力；v 为物体的运动速度矢量；ω 为旋转角速度矢量。

流体运动时的科氏力给管壁一个额外的作用，使同一 U 形管流道上进出的两根平行直管由于流向相反而产生相反的作用力，产生一扭矩 M。该扭矩是在平行直管振动下产生的，其大小直接正比于流体质量流量和振动参数。

如果 U 形管的两根平行直管是结构对称的，则直管上的微元长度上的扭矩如下：

$$dM = 2rdF_k = 4rv\omega dm \qquad (3\text{-}38)$$

式中 ω 为角速度。实际流量计的 U 形管并不旋转，而是以一定的频率振动，所以角速度是一个正弦规律振荡的值。dF_k 为微元 dy 管道所受科氏力的绝对值，U 形管振动时，dF_k 显然也是一正弦变化值，但两根平行管所受的力在相位上相差 180°。v 为流体流速，可以写为 dy/dt，即单位时间内流体流过的管长。所以，式（3-38）又可写成如下公式：

$$dM = 4r\omega \left(\frac{dy}{dt} \right) dm = 4r\omega q_m dy \qquad (3\text{-}39)$$

式中，dm 为 dy 管内流体的质量，$q_m = dm/dt$ 为质量流量。对上式积分，得如下公式：

$$M = \int dM = \int 4r\omega q_m dy = 4r\omega q_m L \qquad (3\text{-}40)$$

扭矩 M 变化的频率与 U 形管的振动频率是一致的，其最大值出现在 U 形管通过其振动中心平面时，这时直管段振动的线速度最大。此时，U 形管不仅绕 $O\text{-}O$ 轴振动，也产生在扭矩 M 作用下的扭振。扭振的频率和 U 形管的原有振动频率相同，最大扭转角度出现在扭矩最大时，也就是 U 形管振动通过中心平面 $N\text{-}N$ 时。

设在扭矩 M 作用下，U 形管产生的扭角为 θ。由于 θ 很小，其与扭矩成线性正比关系，$M=K_s \cdot \theta$，其中 K_s 是 U 形管的弹性模量。将此关系代入式（3-40）中可得如下公式：

$$q_m = \frac{K_s \theta}{4r\omega L} \tag{3-41}$$

也就是说，质量流量与扭角 θ 成正比。

如果 U 形管端在振动中心位置时垂直方向的速度为 $v_p \left(v_p = L\omega \right)$，而 U 形管由扭矩作用产生扭振的扭角与 U 形管原有振动的幅值相比很小，可以认为 U 形管两根直管段通过 $N\text{-}N$ 平面时的速度就是 v_p，则 U 形管两根直管段 A、B 先后通过振动中心平面 $N\text{-}N$ 的时间差如下：

$$\Delta t = \frac{2r\theta}{v_p} = \frac{2r\theta}{L\omega} \tag{3-42}$$

式中，r 为直管到扭振中心线的距离。将式（3-42）的 θ 代入式（3-41）中，可得公式如下：

$$q_m = \frac{K_s \theta}{4r\omega L} = \frac{K_s}{8r^2} \Delta t \tag{3-43}$$

式中 K_s 和 r 都是与流量计结构有关的量。因此，质量流量与管内的流体物性、流态及其他工况无关。只要在 U 形管直管的振动端安装两个探测器，测量两根直管段的振动，通过中心平面 $N\text{-}N$ 的时间间隔 Δt，就可由上式求得管内流过流体的质量流量。

实际上，科氏力质量流量计的振动情况远比上述复杂，一般式（3-43）中的系数要由实验标定。另外，科氏力质量流量计的技术复杂，测量系统也较庞大，因此限制了它的应用。

2. 间接式质量流量计

（1）推导式质量流量计。推导式质量流量计在分别测出两个相应参数的基础上，通过运算器进行一定形式的数学运算，间接推导出流体的 ρv 值，从而求得质量流量，下面介绍三种可能的构成形式。

第一种，差压式流量计与密度计组合的质量流量计。由差压式流量

计输出的差压信号 $\Delta P \propto q_v^2 \rho = A^2 v^2 \rho$ 可知，若流量计流通截面 A 一定，则 $\Delta P \propto v^2 \rho$。因此，若把差压输出信号与密度计输出信号 ρ 相乘，再经开方就得到与 ρv 成正比的信号，此信号就代表了流体的质量流量 q_m。当然，差压输出信号和密度输出信号都要转化为统一的电或气信号才能通过电或气的运算器进行乘、除、开方等运算。

质量流量由显示仪表进行指示和记录，流过流体质量的总量由积算器来累计。图 3-6 为差压式流量计与密度计组合的质量流量计的示意图。

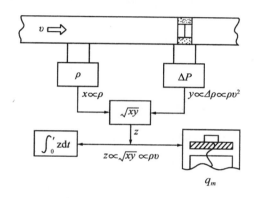

图 3-6　差压式流量计与密度计组合的质量流量计

第二种，速度式流量计和密度计组合的质量流量计。涡轮流量计、电磁流量计、超声波流量计等速度式流量计输出的信号代表管内流体截面平均流速 v，将 v 与密度计输出信号 ρ 相乘，就得到代表流体质量流量的 ρv 信号，其组合原理如图 3-7 所示。

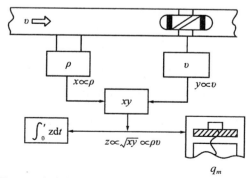

图 3-7　速度式流量计与密度计组合的质量流量计

第三种，差压式流量计与速度式流量计组合的质量流量计。差压式流量计输出代表 ρv^2，速度式流量计输出代表 v，如经运算器将两信号进行除法运算，就得到代表流体质量流量 q_m 的 ρv 信号，其组合原理如图 3-8 所示。

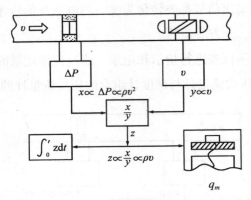

图 3-8　差压式流量计与速度式流量计组合的质量流量计

（2）温度、压力补偿式质量流量计。温度、压力补偿式质量流量计的基本原理是，测量流体的体积流量、温度和压力值，根据已知的被测流体密度与温度、压力之间的关系，通过运算，把测得的体积流量数值自动换算到标准状态下的体积流量数值，因为被测流体种类一定，其标准状态下的密度 ρ_0 是定值，所以标准状态下的体积流量值就代表了流体的质量流量值。连续测量温度、压力比连续测量密度容易，因此目前工业上所用的质量流量计多采用这种原理。

第一，当被测流体为液体时，可只考虑温度对流体密度的影响，在速度变化范围不大时，密度与温度之间的关系如下：

$$\rho = \rho_0 \left[1 + \beta (T_0 - T) \right] \tag{3-44}$$

式中：ρ 为在工作温度 T 下的流体密度；ρ_0 为在标准状态（或仪表标定状态）温度 T_0 下流体的密度；β 为被测流体的体积膨胀系数。

因此，对于用体积式流量计或速度式流量计测得的液体体积流量，可用下式实行温度补偿：

$$q_m = \rho q_V = q_v \rho_0 \left[1 + \beta \left(T_0 - T \right) \right]$$
$$= q_v \rho_0 + q_v \rho_0 \beta \left(T_0 - T \right) \qquad (3\text{-}45)$$

若被测流体种类一定，ρ_0 和 β 就一定，此时只需要测得体积流量 q_v 和温度变化（$T_0 - T$），进行自动运算，即可获得质量流量。对于水和油类，当温度在 ± 40 ℃以内变化时，上式的准确度可达 ± 0.2。

当用差压式流量计来测量液体体积流量时，输出差压信号 ΔP 与体积流量 q_v 之间的关系为 $q_v = K \sqrt{\dfrac{\Delta P}{\rho}}$（其中 K 为常数），此时实现温度补偿的计算式如下：

$$q_m = \rho q_V = K \sqrt{\Delta P \rho} = K \sqrt{\Delta P \rho_0 \left[1 + \beta \left(T_0 - T \right) \right]} \qquad (3\text{-}46)$$

由此可见，只要在差压式流量计输出信号 ΔP 上加上一项与输出 ΔP 和（$T_0 - T$）乘积成正比的补偿量，然后再开方就可求得质量流量。

第二，当被测流体为低压范围内的气体时，则可认为符合理想气体状态方程，即可得如下公式：

$$\rho = \rho_0 \cdot \frac{P}{P_0} \times \frac{T_0}{T} \qquad (3\text{-}47)$$

式中：ρ 为绝对温度为 T、压力为 P 工作状态下的流体密度；ρ_0 为绝对温度为 T_0、压力为 P_0 标准状态下的流体密度。

（3）振动管式密度计。间接式质量流量计有的需要密度计配合，而振动管式密度计具有许多优点，如精度高、稳定性和重复性好，而且可直接安装于工艺管道上进行密度的连续测量，既能测液体密度也能测气体密度，还能输出脉冲频率信号，精度为 0.1 % ～ 0.5 %。

第一，振动管式密度计工作原理。振动管式密度计是利用金属薄壁圆管受激后产生的固有频率与管内介质密度有关的原理进行工作的，其工作原理如图 3-9 所示。在一段金属圆管中安装一个圆柱形支架，在这个支架的上边和下边各装一个线圈，两线圈在空间互成 90°，一个用来检测金属管的振动，另一个是将检测线圈得到的信号放大后再来激励金属管振动的激振线圈。

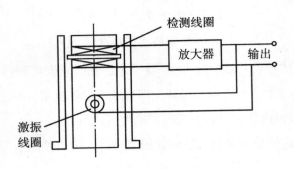

图 3-9　振动管密度计工作原理图

根据物理学原理，管子振动的固有频率公式如下：

$$f_0 = \frac{1}{2\pi}\sqrt{\frac{K}{m_{\mathrm{g}}}} \tag{3-48}$$

式中，m_{g} 和 K 为振动管的质量和振动管的弹性系数。

将振动管放在密度为 ρ 的介质中，其振动的固有频率公式如下：

$$f = \frac{1}{2\pi}\sqrt{\frac{K}{m_{\mathrm{g}}+m_1}} \tag{3-49}$$

式中，m_1 为振动管周围介质的质量。可知如下公式：

$$\frac{f}{f_0} = \sqrt{\frac{m_{\mathrm{g}}}{m_{\mathrm{g}}+m_1}} \tag{3-50}$$

设 V 为振动管周围通入被测流体的体积，式（3-50）右端的分子和分母同时除以 V 得如下公式：

$$\frac{f}{f_0} = \sqrt{\frac{\dfrac{m_{\mathrm{g}}}{V}}{\dfrac{m_{\mathrm{g}}}{V}+\dfrac{m_1}{V}}} = \sqrt{\frac{\rho_0}{\rho_0+\rho}} \tag{3-51}$$

式中：ρ 为被测流体的密度，$\rho = \dfrac{m_1}{V}$；ρ_0 为振动管的质量与它周围通入

的被测流体的体积之比，$\rho_0 = \dfrac{m_{\mathrm{g}}}{V}$，称为振动管的等效密度。

由式（3-51）可得出如下结论：

$$\frac{T_0^2}{T^2} = \frac{\rho_0}{\rho + \rho_0} \tag{3-52}$$

式中，T_0 和 T 为空管的自振周期和通入被测流体的自振周期。

第二，振动管密度计的修正。通常，振动管密度计都是在标准状态下进行标定的，仪表出厂时给出的系数 K_0、K_1、K_2 均对应标准状态。如果仪表使用时的温度、压力等条件不同于标定状态，则仪表示值需要加以修正。温度修正公式如下：

$$\rho_t = \rho \left[1 - K_4(t-20) + K_5(t-20)^2 \right] \tag{3-53}$$

式中，ρ_t 和 ρ 为温度修正后的密度和未经修正的密度值，K_4、K_5 和 t 为温度系数和介质的温度。压力修正公式如下：

$$\rho_p = \rho_t \left[1 + K_6(p-1) + K_7(p-1)^2 \right] \tag{3-54}$$

式中，ρ_p 和 ρ 为经温度、压力修正的密度和介质的压力，K_6、K_7 和 ρ_t 为压力系数和经温度修正的密度。

二、流量检测仪表的使用

标准节流装置和标准毕托管以外的流量测量仪表，在出厂前大都需要用实验来求得仪表的流量系数，以确定仪表的流量刻度标尺，即进行流量计的分度。在使用中，还需要定期校验，检查仪表的基本误差是否超过仪表准确度等级所允许的误差范围。标准节流装置的分度关系和误差，可按流量测量节流装置相关国家标准中的规定通过计算确定。但必须指出，相关国家标准中的流量系数等数据也是通过大量试验求得的。另外，在测量准确度要求很高时，还是要将成套节流装置进行试验分度和校验。

在进行流量测量仪表的校验和分度时，瞬时流量的标准值是用标准砝码、标准容积和标准时间（频率），通过一套标准试验装置来得到的。所谓标准试验装置，就是能调节流量并使之高度稳定在不同数值上的一套液体或气体循环系统。若能保持系统中的流量稳定不变，则可通过准确测量某一段时间 $\Delta \tau$ 和这段时间内通过系统的流体总体积 ΔV 或总质量 Δm，由下式求得这时系统中的瞬时体积流量 q_v 或质量流量 q_m 的标准值：

$$q_V = \frac{\Delta V}{\Delta \tau} \quad 或 \quad q_m = \frac{\Delta m}{\Delta \tau} \tag{3-55}$$

将流量标准值与安装在系统中的被校仪表指示值对照，就能达到校验和分度被校流量计的目的。系统所能达到的雷诺数受高位水槽高度的限制，为了达到更高的雷诺数，有些试验装置用泵和多级稳压罐代替高位溢流水槽作为恒压水源。经过容积标定的基准体积管和高准确度的体积式流量计，也经常作为流量测量仪表校验和分度的标准。因为它们便于移动和能够安装在生产工艺管道上，所以更适用于流量计的现场校验。

基准体积管的原理是在一根等直径管段内壁的一定距离上设置两个微动检测开关。当直径稍大于管径的橡胶球在流体推动下通过前一开关时，其发出一电脉冲去打开计数器的计数门，开始对时基脉冲计数；当橡胶球通过后一开关时，其发出一电脉冲，关闭计数器的计数门，停止计数。两电脉冲信号间所计的脉冲数代表时间 $\Delta \tau$。两开关之间的管段容积是经过准确标定过的，即 ΔV 是确定的，因此测得 $\Delta \tau$ 就可求得瞬时体积流量 q_v。

基准体积管的两端有橡胶球投入和分离装置，可使橡胶球自动从基准体积管前投入，从体积管后分离出来，连续循环于体积管中。[1]

第二节　主冷却剂与气液两相流流量测量

一、主冷却剂流量的测量

维持反应堆冷却剂回路中冷却剂的正常流量是保证反应堆功率输出和确保反应堆安全的一个重要条件。因此，流量测量系统必须保证当反应堆冷却剂流量低于整定值时，能够发出保护动作信号。此流量信号还用于反应堆热功率等的计算。

---

[1]夏虹. 核工程检测技术 [M]. 2 版. 哈尔滨：哈尔滨工程大学出版社，2017：102-151.

（一）主冷却剂的弯管流量计测量

主冷却剂流量的测量是利用弯管流量计完成的。在反应堆每个环路中段弯管处设置 3 个差压变送器进行测量。在弯管外侧有一个共同的高压测口，在弯管内侧有 3 个低压测口，由弯管弯外和弯内的压差得出主冷却剂的流量，并向反应堆保护系统提供信息。利用弯管流量计测量主冷却剂流量的测量装置的基本功能是提供流量是否减少的信息。这种流量测量方法有一个优点，就是不需要把任何部件插到冷却剂流道中。若流道中插入部件将会产生压降，结果降低了流量，或需要增加泵的功率。由冷却剂流动的动力学效应可知，冷却剂流经弯管时，弯头外半径处的压力高于弯头内半径处的压力，因而产生压差。其流量和压差之间的关系可用如下公式描述：

$$\frac{\Delta P}{\Delta P_0} = \left(\frac{q}{q_0}\right)^2 \tag{3-56}$$

式中，ΔP_0 为与参考流量 q_0 相应的压差，ΔP 为与某个不同流量 q 相应的压差。

参考流量相应的压差 ΔP_0 是在电站最初启动时确定的值，然后沿此关联曲线外推，从而确定低流量保护整定点。应用弯管流量计来测量冷却剂流量必须满足两个条件：①弯管流量计的上、下游必须是直管段，而且要求上游直管段不少于 $28D$，下游直管段至少长 $7D$，其中 D 为管的内径；②管内流体的雷诺数必须大于 5×10^4。

（二）主冷却剂的相关统计测量方法

随着大型核电站主管道的横截面越来越大，由于介质的流动形成分层的不均匀性，弯管流量计的测量精度难以满足要求。为此，又出现了一种利用一回路冷却剂中活化了的 ^{16}N 来测量流量的方法，称为相关统计测流量法。一回路冷却剂中的 ^{16}O 在反应堆快中子的作用下变成 ^{16}N，半衰期为 7.35 s，它在衰变过程中放出能量为 6.13 MeV 和 7.10 MeV 的 γ 射线。因此，在反应堆出口的主管道上，在一段已知的距离上安装两台具有相同灵敏度的 γ 探测器 A 和 B。下游探测器 B 的读数应小于上游探测器 A 的读数，这是由

^{16}N 衰变引起的，而其差值的大小与流量有关，如下面的公式所示：

$$读数\ A\ /\ 读数\ B = e^{\tau(t_B - t_A)} \tag{3-57}$$

式中：t_A、t_B 分别为冷却剂从堆芯流到探测器 A、B 的时间；τ 为 ^{16}N 的半衰期。用相关法来确定（$t_B - t_A$），也就实现了对流量的测量。有的核电站还利用与主泵轴相连的同步装置及辉光管数字显示的脉冲计数，非常准确地给出反应堆冷却剂主泵的转速，它代表了冷却剂流量。

二、气液两相流流量的测量

两相流指固体、液体、气体三个相中的任何两个组合在一起，具有相间界面的流动体系，包括气固、气液、固液两相流。由于流动规律十分复杂，其流量测量要比单相流困难得多。迄今为止，尚未产生成熟的两相流流量仪表。此处仅就气液两相流的流量测量问题进行概述。

在能源、石油、化工和核工业等过程中，广泛存在两相流现象。两相流的流动形态和结构比单相流复杂得多。以垂直上升管中的气液两相流为例，其基本流动结构有五种，即泡状流、塞状流、乱流、乱 - 环状流和环状流。气液两相流体在水平管中的流动结构比垂直管中的复杂，其主要特点为所有流动结构都不是轴对称的，这主要是由重力的影响使较重的液相偏向于沿管子下部流动造成的。

气液两相流在水平管中流动时，其基本流动结构有六种：泡状流、长气泡流、塞状流、光滑分层流、波状分层流和环状流。值得注意的是，在流动过程中两相流的流动结构总是变化的，一般不存在像单相流那样完全充分发展的流动。竖直管中上升低速泡状流经过一段时间的演化后，最终要变为塞状流。而无论是水平还是竖直塞状流，气弹总是在不断变长。两相流流动的流量测量是存在一定困难的，因此在测量时需要注意以下几个方面。

第一，两相流流动是时间非稳态和空间不均匀的，在流道的某一截面上各相的分布既不完全均匀，又随时间剧烈变化，如塞状流，当气弹通过时，气体占据大部分流道截面，而液塞则是液体占据大部分截面，气弹、液塞以变化范围极大的频率交替通过某一流道截面。这使得绝大多数的体积式流量计、节流式流量计和速度式流量计不能用于这样间歇性流动的流量测量。

第二，相界面以某一速度传播，而这一传播速度与各相流量间的关系现在仍是两相流研究最困难的课题，如泡状流内小气泡相对液流的上浮、稠密气固两相流固体流态化的运动、波状分层流或环状流气液界面波动的传播、塞状流中气弹的传播等，因此由一般流道上下游两个传感器测量获得的速度是这样的传播速度，而不是各相混合物速度或者是各单相的流速。近年来发展起来的通过测量两相流流动速度来测量两相流流量的互相关法遇到极大的困难，因为测量所获得的是相界面传播速度而不是相流速。

第三，两相流流量测量要同时测量各相流量，所要测量的参数多，如要同时测量两相混合物的流道截面的平均速度和各相体积或质量含量。在前面提到的众多流型中，流型判别参数也成为一个额外的要测量的量，这个量有可能是脉动压力值，或者是脉动速度等。[①]

第三节　核电站流量仪表的准入与质量测定

核电以高效、稳定、清洁受到了世界各国的重视，是战略高科技产业。在我国，核电站的发展在国家政策的推动和引导之下，经历了第一代至第三代的发展阶段。2020 年，我国共有 16 座核电站投入运营，全年发电量占全国发电量的 4.94 %。根据《中华人民共和国国民经济和社会发展第十四个五年规划和 2035 年远景目标纲要》，至 2025 年，我国核电运行装机容量将达到 7 000 万 kW。当前，我国高度重视核电发展：一是中国核电大检查，包括对运行中的核设施进行安全检查，以及对所有在建核电站的安全开展全面复审；二是抓紧编制中国核安全规划。

当前，我国核电站中的流量仪表具有数量大、种类多、安装地点分散等特点。其中，节流装置、电磁流量计、超声流量计、转子流量计、涡轮流量计、椭圆齿轮流量计、阿牛巴流量计、流量开关等流量仪表都被广泛应用。核电

---

① 夏虹 . 核工程检测技术 [M].2 版 . 哈尔滨：哈尔滨工程大学出版社，2017：150-166.

站采用的技术堆型决定了核电站所使用的流量仪表类型与数量，目前国内核电站的堆型有 CNP650 型、M310 型、CPR1000 型、AP1000 型、EPR 型等数种，但是它们所使用的流量仪表类型是基本相同的，只是不同堆型对核级流量仪表的安全要求不同，不同堆型的核电站流量仪表的数量相差很大。当前，我国坚持走核电装备自主化道路，核电仪控系统的国产化是核电装备国产化工作的一个堡垒，国家能源局也采用"产学研用"的方式积极推进核电仪表国产化工作。制造企业通过技术攻关、自主创新、管理提升，打破国外核垄断，实现核级仪表的国产化，意义重大。

一、核电站流量仪表的准入

依据《民用核安全设备监督管理条例》《核电厂质量保证安全规定》《民用核安全设备设计、制造、安装和无损检验监督管理规定（HAF601）》等法律法规的要求，我国对民用核安全设备（机械和电气）的设计、制造、安装和无损检验实施强制性市场准入监管制度，即许可证制度，凡从事上述活动的单位，都必须取得由国家核安全局颁发的相应的许可证。

《民用核安全设备目录（第一批）》包括 18 类核安全级机械设备和 9 类 1E 级电气设备，其中 9 类 1E 级核安全电气设备目录中就包括流量计。核级仪表的制造企业具备了下述基本条件后，即可准备申请材料，进入申证流程，其基本条件包括：①法律地位 —— 单位具有法人资格；②工作时间 —— 5 年以上（与拟从事活动相关或相近）；③专业人员 —— 与拟从事活动相适应，经考核合格；④基础条件 —— 有适宜的工作场所、设施和装备、技术能力；⑤质量管理体系 —— 建立完善的质量管理体系（QMS，包括核质保体系和质量保证大纲），并有效实施《核电厂质量保证安全规定》；⑥模拟件制作要求（制造和安装）—— 试制代表性模拟件，并完成相应的鉴定试验。

申请民用核安全设备制造许可证，申请材料共包括 14 个文件，具体如下。

（1）民用核安全设备制造（安装）许可证申请公文。

（2）民用核安全设备制造（安装）许可证申请书。

（3）民用核安全设备制造（安装）许可证申请活动范围表。

（4）单位营业执照复印件。

（5）质量保证大纲。

（6）质量保证大纲程序目录清单及下列程序：①物项采购和分包控制程序；②设计修改与变更控制程序；③工艺试验与评定控制程序（关键工艺环节不得分包）；④特种工艺人员管理程序；⑤产品试验（功能性试验）控制程序；⑥不符合项控制程序。

（7）单位基本情况、资质及主要工作业绩。

（8）制造（安装）能力说明材料（设备设施、人员、工艺）。

（9）检验与试验能力的说明（设备、管理、检验能力）。

（10）主要关键技术及储备。

（11）有关标准规范的执行能力（清单、熟悉程度、培训）。

（12）关键物项采购及分包活动情况说明（责任、接口、资质）。

（13）模拟件制作方案和质量计划（包括历史情况、鉴定大纲等）。

（14）其他需要提供的相关必要说明材料。

申请许可证的流程包括 11 个环节：①申证单位提交全套申请材料；②核安全局受理，并指定审查单位审查资料（文审）；③核安全局发出整改通知；④申证单位向核安全局提交整改文件；⑤文件审查通过后，核安全局发出现场审查通知；⑥由核安全局及审查单位组成的审查组进行现场审查；⑦申证单位对现场审查中发现的问题进行整改，直至符合要求；⑧核安全局组织专家技术评审会（20 人左右），审查单位介绍审查情况，申证单位（3～4 人）回答专家提问；⑨通过评审后，由核安全局司务会议进行审核；⑩审核通过后，公示 5 天；⑪无异议，颁发许可证。

制造许可证有效期为 5 年，并需提前 6 个月提出延续申请。

二、核电站流量仪表的质量测定

核电是一个具有高安全性要求的产业，因为无论是人为事故，还是自然不可抗力导致核电站出现问题，引发核泄漏，都将给人民的生命财产、生态环境带来长期严重的危害。正是由于这些特点，对核电站硬件设备和软件系统的安全要求是非常严格的。核级仪控电设备必须具备高质量、高可靠性、高成熟度等特点，主要内容包括：①高质量——设计制造的规范标准是高的；②高可靠性——不仅在正常环境下运行，还要在事故（地震、辐照、冷却剂丧失事故）工况下可靠运行，在设计上是冗余设置，有紧急电源和实体电气隔离；③高成熟度——注重应用经验。

（一）核电站流量仪表质量测定的分级

流量仪表也按照《核电厂安全重要仪表和控制功能分类》（GB/T 15474—2010）进行分类，根据对核电厂安全的重要性，流量仪表分为三类：1E——安全级；SR——安全有关级；NS——非安全重要级。根据核行业标准《核电厂安全级电气设备质量鉴定试验方法与环境条件》（EJ/T 1197—2007）和《RCC-E 压水堆核电站核岛电气设备设计和建造规则（2005 版）》等规定，质量鉴定试验类别将安全级电气设备分为三类：① K1 类（A 类程序），即安装在安全壳内，在正常环境条件、地震载荷下及事故后，执行安全功能的仪表；② K2 类（B 类程序），即安装在安全壳内，在正常环境条件和地震载荷下，执行安全功能的仪表；③ K3 类（C 类程序），即安装在安全壳外，在正常环境条件和地震载荷下，执行安全功能的仪表。

（二）核电站流量仪表质量测定的试验

核级流量仪表的质量测定一般包括下述试验。

1. 核级流量仪表的基准试验

基准试验指在正常环境条件下和规定的正常运行限值内检验受试仪表的与安全相关的性能和 / 或功能特性。在基准条件下测定流量仪表的初始性能和 / 或功能特性，作为以后试验的初始基准值，并确定每种试验期间和每次试验之后测得的性能和 / 或功能特性参数的允许偏差。

流量仪表的基准试验包括两部分。第一部分为正常环境下的性能测定和功能试验，该部分试验按照各类流量仪表的常规工业标准进行。第二部分为极限使用条件下的试验：对流量仪表的电气特性，如电压 / 频率波动、耐电

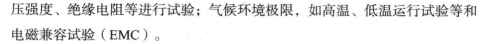

压强度、绝缘电阻等进行试验；气候环境极限，如高温、低温运行试验等和电磁兼容试验（EMC）。

2. 核级流量仪表的老化试验

老化在决定核电站寿期或延长寿期方面是一个重要的因素，对于不可更换的部件或设备，其寿期就是核电站的寿命。在现场环境下，仪表随着时间的推移会发生各种缓慢的、不可逆的化学变化和物理变化，这就是老化过程。对核电站仪表的老化机理研究成为仪表研发中必须考虑的问题。目前，已知的老化机理主要有均匀腐蚀和局部腐蚀、磨蚀、磨蚀 - 腐蚀、辐照脆化和热脆化、疲劳、腐蚀疲劳、蠕变、咬合和磨损等。老化试验是指检验流量仪表的机械强度和评价其耐久性。核级流量仪表的老化试验应考虑 5 个方面的老化因素：①温度（热老化试验，如高低温、温度变化）；②腐蚀（腐蚀试验，必要时进行，如交变湿热、淋雨或浸水、盐雾等）；③长时间运行（长期运行试验，即按寿期机械循环试验）；④设备全寿期内可能经受的累积剂量的典型辐照（辐照老化试验）；⑤机械振动（振动老化试验，如冲击、撞击、碰撞、跌落等试验）。

3. 核级流量仪表的抗震试验

抗震试验用于验证在地震或人为事故（如飞行物坠落引起强烈震动）条件下必须工作的安全系统设备，保证执行其安全功能的能力。目前 AP1000 鉴定方法、《核岛电气设备的设计和建造规则》（RCC-E）等均对核级设备抗震试验提出了明确的技术要求。

核级流量仪表应能承受多次运行基准地震（OBE/S1）和至少一次安全停堆地震（SSE/S2）。在整个抗震试验期间，将验证流量仪表完成规定安全功能的能力（一般需通电试验），但地震时流量仪表仅需保持完整性除外。除非不具备相关性，受试流量仪表应是经过老化的。

仪表抗震性能的评估主要通过试验法和计算分析法进行。试验法指将样件安装于地震试验台上，通过地震试验台模拟地震的情况，以检测设备的抗震能力。为保证试验强度的充分性，需要用该设备所有使用处的包络信号作为模拟输入。根据标准，试验法可以通过单轴激励、双轴激励或三轴激励进行。经大量研究分析，三轴地震试验台可以更准确地模拟地震对仪表的损害，从而确保抗震鉴定结论的有效性。分析法虽然在设备抗震鉴定中不如试验法直接，却是物理试验必不可少的补充。

例如，对部件的抗震鉴定，由于部件支撑结构对地震的放大，部件可能要求承受极大的振动，这往往超出地震试验台的试验能力，此时只能采用分析的方式进行。另外，在试验时试件上传感器的数量是有限的，不可能无限增多数据采集系统的通道数，因此试验不可能得到试件所有细节部位的响应。而分析法则不受此影响，通过有限元计算可以得到设备的全部响应。最重要的是，当设备在研制阶段或者抗震试验发生破坏时，单纯的试验无法给出改进建议。而分析法可以通过结构的优化在研制阶段就提高设备抗震性能，并能在出现破坏时提供有价值的改进建议。

4. 核级流量仪表事故及事故后实验

核级流量仪表事故及事故后环境条件下的实验主要验证在核电站设计基准事故发生时，仪表执行功能的情况，包括两个实验项目：事故辐照实验和冷却剂丧失事故（loss of coolant accident, LOCA）实验。

此处以 LOCA 实验为例。LOCA 是反应堆的一种故障模式，主要原因包括：①一回路管道或辅助系统的管道破裂；②一回路或辅助系统管道上的阀门意外打开或不能关闭；③输送一回路介质的泵的轴封或阀杆泄漏。

LOCA 事故的后果随着破口的大小、位置和装置的初始状态的不同而不同，发生大破口时，将引起一回路压力迅速下降至等于安全壳内的压力。LOCA 事故对安全壳内的环境有很大影响。在出现失水事故时，全部一回路水或大部分安注水的排放使安全壳内的压力迅速上升。安全壳的内部构筑物将安全壳分割成一些隔间，在事故的最初时刻，压力升高最先出现在发生破口的隔间内，随后临近隔间的压力上升，由于出现压差、喷射作用力、管道的撞击和一回路的内部水力，内部构筑物内的仪表承受着很大冲击力。

出现 LOCA 事故时，安全壳内温度升高，湿度增大，使内部设备工作条件变化。失水时，一回路冷却剂的释放使得安全壳放射性水平大幅升高，受影响范围内的仪表工作环境恶化。

　　LOCA 实验主要验证在事故工况下 1E 级设备的性能。LOCA 实验装置用以模拟安全壳内的热力事故的环境条件，即突然注入饱和蒸汽，压力和温度迅速上升，以及热力事故后阶段的饱和蒸汽温度、压力持续。综合 AP1000 鉴定方法、RCC-E 规则等相关标准规范，LOCA 实验共有 3 个阶段。①模拟事故工况热力环境。按相关规定可以采用实施一次热力冲击，留有一定的裕度（AP1000），或者连续实施两次冲击，不考虑裕度（RCC）。②模拟事故工况化学喷淋环境。③模拟事故后环境。[①]

---

①郭爱华，徐建平. 核电站流量仪表的市场准入与质量鉴定 [J]. 工业计量，2011，21（06）：21-24，56.

第四章　核工程的温度检测技术及其运用

第一节　温度检测与各类温度计的使用

一、温度检测分析

温度是反映物体冷热程度的物理参数。从分子运动论的观点看，温度是物体内部分子运动平均动能大小的标志。就这个意义而言，温度不能直接测量，只能借助冷热不同的物体之间的热交换，以及随着冷热程度不同而变化的物体的某些物理性质进行间接测量。利用各种温度传感器可组成多种测温仪表。

（一）温度检测的温标

如果两个物体的温度不同，温度高的物体就有能力将热量通过一定方式传递给温度低的物体，从这一现象出发，我们建立起温度"高"或"低"的概念。用来衡量温度高低的尺度称为温度标尺，简称"温标"，它规定了温度的读数、起点和基本单位。目前，使用较多的温标有热力学温标、国际实用温标、华氏温标和摄氏温标。

1.热力学温标

热力学温标又称为绝对温标，是建立在热力学基础上的一种理论温标。它规定分子运动停止时的温度为绝对零度。它是与测温物质的任何物理性质无关的一种温标，已被国际计量大会采纳，并作为国际统一的基本温标。

根据热力学中的卡诺定理，如果在温度为 T_1 的无限大热源和温度为 T_2 的无限大冷源间有一个可逆热机实现了卡诺循环，热源给予热机的热量为 Q_1，热机传给冷源的热量为 Q_2，则存在下列关系式：

$$\frac{T_1}{T_2} = \frac{Q_1}{Q_2} \tag{4-1}$$

如果在式（4-1）中再规定一个数值来描述某一定点的温度值，就可以通过卡诺循环中的传热量来完全地确定温标。国际计量大会确定水的三相点温度值为 273.16 K，并将它的 1/273.16 定为 1 K。依此，这个温标就确定了，即温度值 T_1=273.16（Q_1/Q_2），它的温度单位定为开尔文，简记为 K。在我国法定计量单位中，规定使用热力学温度和摄氏温度，即规定水的三相点为 273.16 K 和 0.01 ℃。由此，热力学温度（T）和摄氏温度（t）的关系如下：

$$t/\text{℃} = T/\text{K} - 273.15 \tag{4-2}$$

2. 国际实用温标

因为卡诺循环是不能实现的，所以热力学温标是一种理论上的温标，不能付诸实施和复现，这就需要建立一种既使用方便，又具有一定科学技术水平的温标。各国科学家经过努力，建立起一种与热力学温标相近的、复现准确度高、使用简便的实用温标，即国际实用温标。

温标的基本内容为：规定不同温度范围内的基准仪器，选择一些纯物质的平衡态温度作为温标基准点，建立内插公式可计算出任何两个相邻基准点间的温度值。以上被称作温标的"三要素"。

第一个国际实用温标是在 1927 年建立的，称为 ITS-27，此后大约每隔 20 年进行一次重大修改。当前，新的国际温标为 ITS-90，该温标的基本内容为：①定义基准点。ITS-90 中有 17 个定义基准点（见《1990 年国际温标宣贯手册》）。②基准仪器。将整个温标分为 4 个温区，使用不同的基准仪器，分别为 ^{3}He 和 ^{4}He 蒸汽压温度计（0.65～5.0 K）、^{3}He 和 ^{4}He 定容气体温度计（3.0～24.5561 K）、铂电阻温度计（13.81 K～961.78 ℃）、光学或光电高温计（961.78 ℃以上）。③内插公式（请参阅相关资料）。

3. 华氏温标

华氏温标规定标准大气压下纯水的冰熔点为 32 华氏度，水的沸点为 212 华氏度，中间等分为 180 格，每格为 1 华氏度，符号为℉。它与摄氏温标的关系如下：

$$C = \frac{5}{9}(F - 32)$$
$$F = 1.8C + 32$$

（4-3）

式中，C 为摄氏温度值，F 为华氏温度值。

4. 摄氏温标

摄氏温标是工程上使用最多的温标，它规定标准大气压下纯水的冰熔点为 0 摄氏度，水的沸点为 100 摄氏度，中间等分为 100 格，每一等分格为 1 摄氏度，符号为℃。

（二）温度测量的仪表

温度不能直接测量，而只能借助物质的某些物理特性，通过对这些物理特性变化量的测量来间接获得温度值。温度测量仪表的分类方法可按工作原理来划分，有时也根据温度范围（高温、中温、低温等）或仪表的精度（基准、标准等）来划分。根据不同的测量方法，温度测量仪表可分为接触式测温仪表和非接触式测温仪表两大类。

第一，接触式测温仪表。接触式测温仪表是利用感温元件直接与被测介质接触，感受被测介质的温度变化。这种测量方法比较直观、可靠。但在有些情况下，它会影响被测温度场的分布，带来测量误差。另外，某些介质处于高温或具有腐蚀性时，对测温元件的寿命有很大影响。

第二，非接触式测温仪表。非接触式测温仪表是利用物体的热辐射特性与温度之间的对应关系，对物体的温度进行非接触测量的仪表。非接触式测温仪表的感受部件不直接与被测对象接触，它通过被测对象与感受部件之间的热辐射作用实现测温，因而不会破坏被测对象的温度场。理论上其测温没有限制，但准确度较差，通常用于高温测量，如全辐射高温计、比色高温计和单色高温计等。

二、温度计的使用

（一）热电偶温度计的使用

热电偶是目前在科研和生产过程中进行温度测量时应用得最普通、最广泛的测量元件。它是利用不同导体间的"热电效应"现象制成的，具有结构简单、制作方便、测量范围宽、应用范围广、准确度高、热惯性小等优点，而且能直接输出电信号，便于信号的传输、自动记录和自动控制。

1. 热电偶测温的原理

两种不同的导体或半导体材料 A 和 B 组成闭合回路（图 4-1），如果 A 和 B 所组成的回路的两个接合点处的温度 T 和 T_0 不相同，则回路中就有电流产生，说明回路中有电动势存在，这种现象叫作热电效应，也称为塞贝克效应。由此效应产生的电动势，通常称为热电势，常用符号 $E_{AB}(T, T_0)$ 表示。进一步研究发现，热电势是由两部分电势组成的，即接触电势和温差电势。

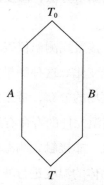

图 4-1　热电偶原理图

（1）接触电势。当两种不同性质的导体或半导体材料相互接触时，如果内部电子密度不同，如材料 A 的电子密度大于材料 B，则会有一部分电子从 A 扩散到 B，使得 A 失去电子而呈正电位，B 获得电子而呈负电位，最终形成由 A 向 B 的静电场（图 4-2）。

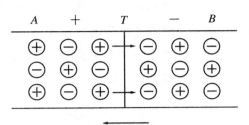

图 4-2　接触电势原理图

　　静电场的作用阻止电子进一步由 A 向 B 扩散。当扩散力和电场力达到平衡时，材料 A 和 B 之间就建立起一个固定的电动势。这种因两种材料自由电子密度不同而在其接触处形成电动势的现象，称为佩尔捷效应，其电动势称为佩尔捷电势或接触电势。理论上已证明该接触电势的大小和方向主要取决于两种材料的性质和接触面温度：两种导体电子密度的比值越大，接触电势就越大；接触面温度越高，接触电势也越大。其关系式如下：

$$E_{AB}(T) = \frac{KT}{e} \ln \frac{N_A(T)}{N_B(T)} \tag{4-4}$$

　　式中：e 为单位电荷，4.802×10^{-10} 绝对静电单位；K 为玻尔兹曼常数，1.38×10^{-23} J/K；$N_A(T)$ 和 $N_B(T)$ 为材料 A 和 B 在温度为 T 时的电子密度。

　　（2）温差电势。温差电势原理如图 4-3 所示。

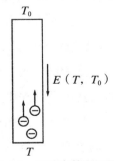

图 4-3　温差电势原理图

　　因材料两端温度不同，故两端电子所具有的能量不同，温度较高的一端电子具有较高的能量，其电子将向温度较低的一端运动，于是在材料两端之间形成一个由高温端到低温端的静电场，这个电场将吸引电子从温度低的一端移向温度高的一端，最后达到动态平衡。这种同一种导体或半导体材料因其两端温度不同而产生电动势的现象称为汤姆孙效应，其产生的电动势称为汤姆孙电动势或温差电势。温差电势的方向是由低温端指向高温端的，其大小与材料两端的温度和材料性质有关。如 $T > T_0$，则温差电势如下：

$$E(T, T_0) = \frac{K}{e} \int_{T_0}^{T} \frac{1}{N} \mathrm{d}(N \cdot t) \tag{4-5}$$

式中：N 为材料的电子密度，是温度的函数 T；T_0 为材料两端的温度；t 为沿材料长度方向的温度分布。

2. 热电偶回路的性质

在实际测温时，闭合的热电偶回路必然断开，以引入测量热电势的显示仪表和连接导线。因为接入这类仪表，相当于在回路中引入了附加的材料和接点，所以在理解热电偶的测温原理之后，还要进一步掌握热电偶的一些基本规律，并能在实际测温中灵活而熟练地应用这些规律。

（1）均质材料定律。由一种均质材料（电子密度处处相同）组成的闭合回路，不论沿材料长度方向各处温度如何分布，回路中均不产生热电势。反之，如果回路中有热电势存在则材料必为非均质的。这条规律要求组成热电偶的两种材料 A 和 B 必须都是均质的，否则会由于沿热电偶长度方向存在温度梯度而产生附加电势，从而引入热电偶材料不均匀性误差。因此，在进行精密测量时，要尽可能对热电极材料进行均匀性检验和退火处理。

（2）中间导体定律。在热电偶回路中接入第三种（或多种）均质材料，只要所接入的材料两端连接点温度相同，则所接入的第三种材料不影响原回路的热电势。中间导体定律表明热电偶回路中可接入测量热电势的仪表。只要仪表处于稳定的环境温度，原热电偶回路的热电势将不受接入的测量仪表的影响。同时，该定律还表明热电偶的接点不仅可以焊接而成，而且可以借用均质等温的导体加以连接。

（3）中间温度定律。两种不同材料 A 和 B 组成的热电偶回路，其接点温度分别为 t 和 t_0 时的热电势 $E_{AB}(t, t_0)$ 等于热电偶在接点温度为 (t, t_n) 和 (t_n, t_0) 时相应的热电势 $E_{AB}(t, t_n)$ 与 $E_{AB}(t_n, t_0)$ 的代数和。其中，t_n

为中间温度，公式如下：

$$E_{AB}(t,t_0) = E_{AB}(t,t_n) + E_{AB}(t_n,t_0) \qquad （4-6）$$

中间温度定律说明当热电偶冷端温度 $t_0 \neq 0$ ℃ 时，只要能测得热电势 $E_{AB}(t, t_0)$，且 t_0 已知，则仍可以采用热电偶分度表求得被测温度 t 值。若将 t_n 设为 0 ℃，式（4-6）可化为如下公式：

$$E_{AB}(t,t_0) = E_{AB}(t,0) + E_{AB}(0,t_0) = E_{AB}(t,0) - E_{AB}(t_0,0)$$

$$E_{AB}(t,0) = E_{AB}(t,t_0) + E_{AB}(t_0,0) \qquad （4-7）$$

在热电偶回路中，如果热电偶的电极材料 A 和 B 分别与连接导线 A' 和 B' 相连，各有关连接点温度为 t、t_n 和 t_0，那么回路的总热电势等于热电偶两端处于 t 和 t_0 温度条件下的热电势 $E_{A'B'}(t_n,t_0)$ 的代数和。

3. 常用热电偶的材料与结构

（1）对热电偶材料的要求。从金属的热电效应来看，理论上任何两种导体都能构成热电偶而用来测量温度，但在实际应用上为了保证测量的可靠性和测量的精度，不是所有的导体都适合做热电偶。热电偶材料应满足以下要求：第一，两种材料所组成的热电偶应输出较大的热电势，以得到较高的灵敏度，而且要求热电势和温度之间尽可能呈线性的函数关系；第二，能应用于较宽的温度范围，物理化学性能、热电特性都较稳定，即要求有较好的耐热性、抗氧化、抗还原、抗腐蚀等性能；第三，具有高导电率和低电阻温度系数；第四，材料来源丰富且复现性好，便于成批生产，制造简单，价格低廉。但是，目前还没有能够满足上述全部要求的材料，因此在选择热电偶材料时，只能根据具体情况，按照不同测温条件和要求选择不同的材料。

（2）标准化热电偶。标准化热电偶是指定型生产的通用型热电偶，每一种标准化热电偶都有统一的分度表，同一型号的标准化热电偶具有互换性并有配套仪表以供使用。选择热电偶进行温度测量时，应兼顾温度测量范围、价格和准确度三方面的需求。现对国际上公认的性能优良和产量最大的热电偶进行阐述。

第一，铂铑 10- 铂热电偶（分度号 S）。这是一种贵金属热电偶，正极是铂铑合金，其成分为铂 90 % 与铑 10 %，负极由纯铂制成。这种热电偶可用于较高温度的测量，可长时间在 0 ～ 1 300 ℃ 工作，短时间测量可达到 1 600 ℃，常用金属丝的直径为 0.35 ～ 0.50 mm，特殊条件下还可以用更细直径的金属丝。它的优点是较高纯度的铂和铂铑合金不难制取，复现性好，精度高，一般可用于精密测量或作为国际温标中的基准热电偶。其物理化学性能稳定，适于在氧化或中性气氛介质中使用。其缺点是热电势弱，灵敏度较低，价格昂贵，在高温还原介质中容易被侵蚀和污染，从而变质。

第二，镍铬－镍硅热电偶（分度号 K）。镍铬－镍硅热电偶是一种应用很广泛的廉价金属热电偶，正极为镍铬，负极为镍硅。其优点是化学稳定性好，可以在氧化性或中性介质中长时间在 1 000 ℃ 以下的温度中工作，短期使用可达到 1 300 ℃，灵敏度较高、复现性较好，热电特性的线性度好，价格低廉。其金属丝直径范围较大，工业应用一般为 0.5 ～ 3.0 mm。K 型热电偶的热电势率大（比 S 型热电偶大 4 ～ 5 倍），但它的测温准确度比 S 型热电偶低。根据需要可以拉延至更细直径。镍铬－镍硅热电偶是工业中和实验室里大量采用的一种热电偶，但在还原性介质或含硫化物气氛中易被侵蚀，所以在这种气氛环境中工作的 K 型热电偶必须加装保护套管。

第三，铜－铜镍热电偶（分度号 T）。铜－铜镍热电偶是一种廉价金属热电偶，正极为铜，负极为康铜。其测温范围为 -200 ～ 300 ℃，短期使用可达到 400 ℃，常用热电偶丝直径为 0.2 ～ 1.6 mm。它适用于较低温度的测量，测量精度较高，温度测量在 0 ℃ 以下时，需将正、负极对调。

第四，铂铑 30- 铂铑 6 热电偶（分度号 B）。铂铑 30- 铂铑 6 热电偶是一种贵金属热电偶，也称双铂铑热电偶。其显著特点是测温上限高，可长时间在 1 600 ℃ 的高温下工作，短时间可达到 1 800 ℃。其测量精度高，热电偶丝直径为 0.3 ～ 0.5 mm，适于在氧化或中性气氛中使用，但不宜在还原气氛中使用，灵敏度较低，价格昂贵。因为这种热电偶在 80 ℃ 以下热电势只有 15 μV，所以无须考虑冷端温度对测量的影响。

除以上几种外，还有铂铑 13- 铂（分度号 R）、铁－铜镍（分度号 J）、镍铬硅－镍硅（分度号 N）和镍铬－铜镍（分度号 E）热电偶，共八种标准化热电偶。

（3）非标准化热电偶。一般而言，尚未定型又无统一分度表的热电偶称为非标准化热电偶。非标准化热电偶一般用于高温、低温、超低温、高真空和有核辐射等特殊场合中。在这些场合中，非标准化热电偶往往具有某些良好的性能。随着现代科学技术的发展，大量的非标准化热电偶也得到迅速发展，以满足某些特殊测温要求。例如，钨铼 5－钨铼 20 可以测到 $2\,400 \sim 2\,800\ ℃$ 的高温，在 $2\,000\ ℃$ 时的热电势接近 $30\ mV$，精度达 $1\%t$，但它在高温下易氧化，只能用在真空和惰性气体中。铱铑 40－铱热电偶是当前唯一能在氧化气氛中测到 $2\,000\ ℃$ 高温的热电偶，因此成为宇航火箭技术中的重要测温工具。镍铬－金铁热电偶是一种较为理想的低温热电偶，可在 $2 \sim 273\ K$ 范围内使用。世界各国使用的热电偶有五十几种，需要时可查阅有关文献。

（4）热电偶的结构。热电偶的结构有多种形式。工业上常用的主要有普通型和铠装型两种。此外，还有一些用于专门场合的热电偶。

第一，普通型热电偶。普通型热电偶通常由热电极、绝缘材料、保护套管及接线盒等主要部分组成，主要用于工业上测量液体、气体、蒸汽等的温度。保护套管根据测温条件来确定，测量 $1\,000\ ℃$ 以下的温度一般用金属套管，测量 $1\,000\ ℃$ 以上的温度则多用工业陶瓷甚至氧化铝保护套管。科学研究中所使用的热电偶多由细热电极丝制成，有时不加保护套管以减少热惯性，改善动态响应指标，提高测量精度。

第二，铠装式热电偶。铠装式热电偶是由热电极、绝缘材料和金属套管三者一起经拉细加工而组成的热电偶，也称套管热电偶。铠装热电偶具有性能稳定、结构紧凑、牢固、抗震等特点；因为测量端热容量小，所以热惯性小，具有很好的动态特性。这种热电偶的外径、长度和测量端的结构形式可以根据需要而选定。外直径从 $0.25\ mm$ 到 $12.00\ mm$ 不等。

第三，薄膜式热电偶。薄膜式热电偶是由两种金属薄膜制成的一种特殊结构的热电偶，采用真空蒸镀或化学涂层等制造工艺将两种热电偶材料蒸镀到绝缘基板上，形成薄膜状热电偶，其热端接点既小又薄，为 $0.01 \sim 0.10 \, \mu m$。因为它的测量端热容量很小，适于壁面温度的快速测量，而且响应快，其时间常数可达到微秒级，所以可测瞬变的表面温度。其基板由云母或浸渍酚醛塑料片等材料做成。热电极有镍铬－镍硅、铜－康铜等，测温范围一般为 $300 \, ℃$ 以下，使用时用黏结剂将基片黏附在被测物体表面上。

第四，热套式热电偶。为了保证热电偶感温元件能在高温高压及大流量条件下安全测量，并保证测量准确、反应迅速，热套式热电偶应运而生，它专用于主蒸汽管道，用来测量主蒸汽温度。热套式热电偶的特点是采用了锥形套管、三角锥支撑和热套保温的焊接式安装方式。这种结构形式既保证了热电偶的测温准确度和灵敏度，又提高了热电偶保护套管的机械强度和热冲击性能。

4. 热电偶的冷端补偿

根据热电偶的测温原理，热电偶所产生的热电势 $E(t, t_0)$ 为两端温度 t 和 t_0 的函数。为了便于使用，通常总是使热电势成为温度 t 的单值函数，这就需要冷端温度 t_0 为 $0 \, ℃$ 或为某一定值，使热电势只随温度 t 变化，即 $E_{AB}(t, t_0) = f(t)$ 或 $E_{AB}(t, t_0) = f(t) - C$。但冷端温度受周围环境温度的影响，难以自行保持为 t_0 或某一定值，因此为减小测量误差，需对热电偶的冷端采取人为措施，使其温度恒定，或用其他方法进行校正和补偿。

（1）冰浴法。冰浴法是一种精度最高的处理办法，可以使 t_0 稳定地维持在 $0 \, ℃$。其实施办法是将冰水混合物放在保温瓶中，再把细玻璃试管插入冰水混合物中，试管底部注入适量的油类或水银，热电偶的参比端插到试管底部，实现 $t_0 = 0 \, ℃$ 的要求。

（2）理论修正法。热电偶的分度是在冷端保持为 $0 \, ℃$ 的条件下进行的。在实际使用条件下，若冷端温度 t_0 不能保持为 $0 \, ℃$，则所测得的热电势为相对于 t_0 温度下的热电势，即 $E_{AB}(t, t_0)$。若能将热电偶冷端置于已知的恒温条件下，得到稳定的 t_0 温度，则根据式（4-7），得出如下结论：

$$E(t,0) = E(t, t_0) + E(t_0, 0) \tag{4-8}$$

式中，$E(t_0, 0)$ 是根据冷端所处的已知稳定温度 t_0 去查热电偶分度表得到的热电势。再根据所测得的热电势以 $E(t, t_0)$ 和查表得到 $E(t_0, 0)$ 的二者之和去查热电偶分度表，可得到被测量的实际温度 t。

（3）冷端补偿器法。很多工业生产过程既没有保持 0 ℃ 的条件，也没有长期维持冷端恒温的条件，热电偶的冷端温度往往是随时间和所处的环境而变化的。在此情况下，可以采用冷端补偿器自动补偿的方法，如图 4-4 所示，为冷端补偿器接入热电偶回路示意图。

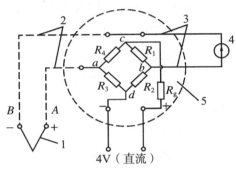

1—热电偶；2—补偿导线；3—铜导线；4—指示仪表；5—冷端补偿器。

图 4-4　冷端补偿器接入热电偶回路

冷端补偿器是一个不平衡电桥。目前我国的冷端温度补偿器已经统一设计，桥臂 $R_1 = R_2 = R_3 = 1\ \Omega$，采用锰铜丝无感绕制，其电阻温度系数趋于零，即阻值基本不随温度变化。桥臂 R_4 用铜丝无感绕制，其电阻温度系数约为 $4.3 \times 10^{-3}\ \Omega/℃$，当在平衡点温度（规定 0 ℃ 或 20 ℃）时，$R_4 = 1\ \Omega$，R_g 为限流电阻，在配用不同分度号热电偶时，作为调整补偿器供电电流之用。桥路供电电压为 4 V 直流电压。

测量时冷端温度补偿器的输出端 ab 与热电偶串接，当冷端温度处于平衡点温度（假设为 0 ℃）时，电桥平衡，桥路没有输出，即 $U_{ba} = 0$，则指示仪表所测得的总电势如下：

$$E = E(t, t_0) + U_{ba} = E(t, 0) \qquad (4-9)$$

当环境温度变化，离开平衡点温度后，R_4 阻值发生变化，破坏了桥路平衡，于是电桥就有不平衡电势输出，其电压方向在超过平衡点温度时与热电偶的热电势方向相同，低于平衡点温度时与热电偶的热电势相反。可以通过合理设计计算桥路的限流电阻 R_g，使桥路输出电压 U_{ba} 的变化值恰好等于 $E(t,0) - E(t,t_0)$，那么指示仪表所测得的总电势将不随 t_0 变化，即得出如下公式：

$$E = E(t,t_0) + U_{ba} = E(t,t_0) + \left[E(t,0) - E(t,t_0) \right] = E(t,0) \qquad (4\text{-}10)$$

该式说明，当热电偶冷端温度发生变化时，冷端补偿器的接入，使仪表所指示的总电势 E 仍保持为 $E(t,0)$，相当于热电偶冷端自动处于 $0\ ℃$，从而起到冷端温度自动补偿的作用。实际上这种补偿只有在平衡点温度和计算点温度下才可以得到完全补偿。所谓平衡点温度，即上面所提及的 $R_1 \sim R_4$ 均相等且为 $1\ \Omega$ 时的温度点；所谓计算点温度，是指在设计计算电桥时选定的温度点，在这一温度点上，桥路的输出端电压恰好补偿了该型号热电偶冷端温度偏离平衡点温度而产生的热电势变化量。除了平衡点和计算点温度，其在其他各冷端温度值只能得到近似的补偿。

（4）补偿导线法。生产过程用的热电偶一般直径和长度一定，结构固定。而在生产现场往往需要把热电偶的冷端移到离被测介质较远且温度较稳定的场合，以免冷端温度受到被测介质的干扰，但这种方法安装使用不方便，另外也耗费大量的贵金属材料。因此，一般采用一种特殊的导线（称为补偿导线）代替部分热电偶丝作为热电偶的延长。补偿导线的热电特性为 $0 \sim 100\ ℃$，应与所取代的热电偶丝的热电特性基本一致，且电阻率低，价格必须比主热电偶丝便宜，对于贵金属热电偶而言，这一点显得尤为重要。

（二）膨胀式温度计的使用

大多数固体和液体，在温度升高时都会膨胀。利用这一物理效应可制成膨胀式温度计，它指示温度的方法是直接观测膨胀量，或者通过传动机构的检测取得温度信号。膨胀式温度计可分为固体膨胀式、液体膨胀式和压力式温度计。

1. 固体膨胀式温度计

典型的固体膨胀式温度计是双金属片，它利用线膨胀系数差别较大的两种金属材料制成双层片状元件，在温度变化时双层片状元件弯曲变形，使其另一端有明显位移，并带动指针，这就构成了双金属温度计。

原来长度为 l 的一个固体，由温度的变化 Δt 产生的长度变化 Δl 可用下式表示：

$$\Delta l = l\alpha \Delta t \qquad (4-11)$$

式中，α 为线膨胀系数，在特定的温度范围内一般可作为常数。

将两种不同膨胀率、厚度为 d 的带材 A 和 B 粘合在一起，便组成一个双金属带。温度变化时，由于两种材料的膨胀率不同，双金属带会弯曲。若令双金属带在温度为 0 ℃，初始的长度为 l_0，α_A 和 α_B 分别为带材 A 和 B 的线膨胀系数，且 $\alpha_A < \alpha_B$。假定双金属带在受到温度 T 的作用时弯成圆弧形，则可得出下列结论：

$$\frac{r+d}{r} = \frac{\text{带材B膨胀后的长度}}{\text{带材A膨胀后的长度}} = \frac{l_0\left(1+\alpha_B T\right)}{l_0\left(1+\alpha_A T\right)} \qquad (4-12)$$

由此式可解得：

$$r = \frac{d\left(1+\alpha_A T\right)}{T\left(\alpha_B - \alpha_A\right)} \qquad (4-13)$$

如果带材 A 采用铁镍合金，那么 α_A 近似为零，则（4-13）可写为如下公式：

$$r = \frac{d}{\alpha_B T} \qquad (4-14)$$

从上式可以看出，较薄的双金属带是比较小的，也就是双金属带会出现较大的弯曲。双金属带温度计就是利用这一原理制成的。为了增加灵敏度，有时将双金属带绕成螺管形状，温度变化时螺管的一端相对于另一端产生位移，这样可以带动指针在刻度盘上直接给出温度读数，成为指针式测温仪表。双金属片温度计还可以做成记录式测温仪表或电接点双金属温度计。

2. 液体膨胀式温度计

使用液体玻璃管温度计应注意以下两个问题。

（1）零点漂移。玻璃的热胀冷缩也会引起零点位置的移动，因此使用玻璃管液体温度计时，应定期校验零点位置。

（2）露出液柱的校正。液体膨胀式温度计使用时必须严格掌握温度计的插入深度，因为温度刻度是在温度计液柱浸入介质中标定的。值得注意的是，如果在水银温度计的感温包附近引出一根导线，在对应某个温度刻度线处再引出一根导线，当温度升至该温度刻度时，水银柱就会把电路接通。反之，温度下降到该刻度以下，又会把电路断开。这样，就成为有固定切换值的位式调节作用温度传感器。这种既有刻度可供就地指示，又能发出通断信号的温度计，称为电接点温度计。电接点温度计分为可调式和固定式两种，可调式是上部对应某温度刻度的导线可用磁钢调节其插入毛细管的深度，因而可以调节被控制的温度值。

3. 压力式温度计

压力式温度计是根据封闭系统的液体或气体受热后压力变化的原理而制成的测温仪表。它由敏感元件温包、传压毛细管和弹簧管压力表组成。若给系统充以气体，如氮气，则称为充气式压力温度计，测温上限可达 500 ℃，压力与温度的关系接近于线性，但是温包体积大，热惯性大；若充以液体，如二甲苯、甲醇等，温包小些，测温范围分别为 -40 ～ 200 ℃ 和 -40 ～ 170 ℃；若充以低沸点的液体，如丙酮，其饱和气压应随被测温度而变，用于 50 ～ 200 ℃，但由于饱和气压和饱和气温呈非线性关系，温度计刻度是不均匀的。

使用压力式温度计必须将温包全部浸入被测介质中，工业上一般采用的毛细管内径为 0.15 ～ 0.50 mm，长度为 20 ～ 60 m。当毛细管所处的环境温度有较大的波动时会给示值带来误差。大气压的变化或安装位置不当，如在环境温度波动大的场合中，均会增加测量误差。这种仪表精度低，但使用简便、抗震动，所以常用在露天变压器和交通工具上，如检测拖拉机发动机的油温或水温。

（三）电阻式温度计的使用

电阻式温度计是利用某些导体或半导体材料的电阻值随温度变化的特性制成的测温仪表，分为金属热电阻温度计和半导体热敏电阻温度计。

1. 电阻式温度计的原理

大多数金属的电阻值随温度变化而变化，温度越高电阻越大，即具有正的电阻温度系数。大多数金属导体的电阻值 R_t 与温度 t（℃）的关系可表示为如下公式：

$$R_t = R_0 \left(1 + At + Bt^2 + Ct^3\right) \tag{4-15}$$

式中：R_0 为 0 ℃条件下的电阻值；A、B、C 为与金属材料有关的常数。

大多数半导体材料具有负的电阻温度系数，其电阻 R_T 值与热力学温度 T（K）的关系如下：

$$R_T = R_{70} \exp B \left[(1/T) - (1/T_0)\right] \tag{4-16}$$

式中：R_{70} 为热力学温度为 T_0（K）时的电阻值；B 为与半导体材料有关的常数。

根据国际温标的规定，13.81 K ～ 961.78 ℃的标准仪器是铂电阻温度计。工业中在 -200 ～ 500 ℃的低温和中温范围内同样广泛使用热电阻来测量温度。当前，在试验研究工作中：碳电阻可以用来测量 1 K 的超低温；高温铂电阻温度计测温上限可达 1 000 ℃，但工业中很少应用。用于测温的热电阻材料应满足在测温范围内化学和物理性能稳定、复现性好、电阻温度系数大的要求，以得到高灵敏度；同时需电阻率大，电阻温度特性尽可能接近线性，价格低廉。已被采用的金属电阻和半导体电阻温度计有 3 个特点：①在中、低温范围内其精度高于热电偶温度计；②灵敏度高，当温度升高 1 ℃时，大多数金属材料热电阻的阻值增加 0.4 % ～ 0.6 %，半导体材料的阻值则降低 3 % ～ 6 %；③热电阻感温部分体积比热电偶的热接点大得多，因此不宜测量点温度和动态温度，而半导体热敏电阻体积虽小，但稳定性和复现性较差。

2. 电阻式温度计的常用元件

（1）铂电阻。采用高纯度铂丝绕制成的铂电阻具有测温精度高、性能稳定、复现性好、抗氧化等优点，因此在实验室和工业中铂电阻元件被广泛应用。但其在高温下容易被还原性气氛所污染，铂丝变脆，改变电阻温度特性，所以采用套管保护的方法后方可使用。

绕制铂电阻感温元件的铂丝纯度是决定温度计精度的关键。铂丝纯度越高，其稳定性越高，复现性越好，测温精度也越高。铂丝纯度常用 R_{100}/R_0 表示，R_{100} 和 R_0 分别表示 100 ℃和 0 ℃条件下的电阻值。对于标准铂电阻温度计，规定 R_{100}/R_0 不小于 1.392 5；对于工业用铂电阻温度计，R_{100}/R_0 为 1.391。标准或实验室用的铂电阻 R_0 为 10 Ω 或 30 Ω 左右。国产工业用铂电阻温度计主要有三种，分别为 Pt50、Pt100、Pt300。

（2）铜热电阻。工业上除广泛应用铂电阻外，铜热电阻的使用也很普遍。铜热电阻价格低廉，易于提纯和加工成丝，电阻温度系数大，在 0 ～ 100 ℃的温度范围内，铜热电阻的电阻值与温度的关系几乎是线性的，所以在一些测量精度要求不是很高且温度较低的情况下，可使用铜热电阻。但其在温度超过 150 ℃时易氧化，故多用于测量 –50 ～ 150 ℃，在高温时不宜使用。

我国统一生产的铜热电阻温度计有两种，即 Cu50 和 Cu100。铜电阻体是一个铜丝绕组（包括锰铜补偿部分），它是由直径约为 0.1 mm 的高强度漆包铜线用双线无感绕法（以减小感应电流）绕在圆柱形塑料（或胶木）支架上制成的。铜电阻丝外面浸以酚醛树脂，起保护作用。用直径 1 mm 的镀银铜丝作为引出线，并穿以绝缘套管，铜电阻体和引出线都装在保护套管内。

（3）半导体热敏电阻。用半导体热敏电阻作为感温元件来测量温度的应用日趋广泛。半导体温度计的最大优点是具有大的负电阻温度系数（–6 % ～ –3 %），因此灵敏度高。半导体材料电阻率远比金属材料大得多，故可做成体积小而电阻值大的电阻元件，这就使之具有热惯性小和可测量点温度或动态温度的优越性。它的缺点是同种半导体热敏电阻的电阻温度特性分散性大，非线性严重，元件性能不稳定，因此互换性差、精度较低。这些缺点限制了半导体热敏电阻的推广，目前它只用于一些测温要求较低的场合。

但随着半导体材料和器件的发展，它将成为一种很有前途的测温元件。

半导体热敏电阻的材料通常是铁、镍、锰、钼、钛、镁、铜等的氧化物，也可以是它们的碳酸盐、硝酸盐或氯化物等。测温范围为 $-100 \sim 300$ ℃。由于元件的互换性差，每支半导体温度计需单独分度。其分度方法是在两个温度为 T 和 T_0 的恒温源（一般规定 $T_0=298$ K）中测得电阻值 R_T 和 R_{T0}，再根据如下公式计算：

$$B = \frac{\ln R_T - \ln R_{T0}}{1/T - 1/T_0} \tag{4-17}$$

通常 B 为 1 500 ～ 5 000 K。

3. 电阻式温度计的测温结构

铂热电阻体是用细的纯铂丝绕在石英或云母骨架上制成的。铂电阻感温元件的结构主要由以下四部分组成。

（1）电阻丝。常用直径为 0.03 ～ 0.07 mm 的纯铂丝单层绕制，采用双绕法，又称无感绕法。

（2）骨架。热电阻丝绕在骨架上，骨架用来绕制和固定电阻丝，常用云母、石英、陶瓷、玻璃等材料制成，骨架的形状多是片状和棒形的。

（3）引线。引线是热电阻出厂时自身具备的引线，其功能是使感温元件能与外部测量线路相连接。引线通常位于保护管内。保护管内的温度梯度大，因此引线要选用纯度高、不产生热电势的材料。对于工业铂电阻，中低温用银丝作为引线，高温用镍丝。对于铜、镍热电阻的引线，一般都用铜、镍丝。为了减少引线电阻的影响，其直径往往比电阻丝的直径大很多。

热电阻引线有：①两线制。在热电阻感温元件的两端各连一根导线的引线形式为两线制。这种两线制热电阻配线简单、费用低，但要考虑引线电阻的附加误差。②三线制。热电阻感温元件的一端连接两根引线，另一端连接一根引线，此种引线形式称为三线制。它可以消除引线电阻的影响，测量精确度高于两线制，所以应用最广，特别是在测温范围窄、导线长、架设铜导线途中温度发生变化等情况下，必须采用三线制热电阻。③四线制。在热电阻感温元件的两端各连两根引线称为四线制。在高精确度测量时，要采用四线制。这种引线可以消除引线电阻的影响，而且在连接导线阻值相同时，还可消除连接导线电阻的影响。

（4）保护管。保护管是用来保护已经绕制好的感温元件免受环境损害的管状物，其材质有金属、非金属等。将热电阻装入保护管内同时和接线盒相连。其初始电阻有两种，分别为 10 Ω 和 100 Ω。[①]

第二节　温度指示仪表与温度变送器

一、温度指示仪表

要想直观地将被测温度显示出来，就必须使用温度指示仪表。工业上广泛应用的温度指示仪表有动圈式和自动平衡式等，本书以动圈式温度指示仪表为例。动圈式温度指示仪表是我国自行设计制造的系列仪表产品，目前有XC、XF、XJ 等几个系列，每一个系列中又分为指示型（Z）和指示调节型（T）。它与热电偶、热电阻或其他输出为直流毫伏或电阻变化的测量元件配合，可以显示被测介质的温度和其他参数。动圈式温度指示仪表具有结构简单、体积小、性能可靠、成本低、使用维护方便等优点，因此在工业生产中，尤其是在中小企业中得到广泛应用。

（一）配接热电偶的温度指示仪表

根据热电偶的测温原理，当冷端温度一定时，热电偶回路的热电势只是被测温度的单值函数。因此，可以在回路中加入热电势的测量仪表，通过测量热电偶回路的热电势来得到被测温度值。常用的测量热电势的仪表有XCZ-101 型动圈式温度指示仪表、XFZ-101 型动圈式温度指示仪表、直流电位差计和数字式电压表等。

1. XCZ-101 型动圈式温度指示仪表

XCZ-101 型动圈式温度指示仪表是一种直接变换式仪表，核心部件是一

---

①夏虹. 核工程检测技术 [M].2 版. 哈尔滨：哈尔滨工程大学出版社，2017：13-36.

个磁电式毫伏计，变换信号所需的能量由热电势供给，输出信号是仪表指针相对于标尺的位置。国产动圈式温度指示仪表的典型型号是 XCZ-101，其工作原理如图 4-5 所示。

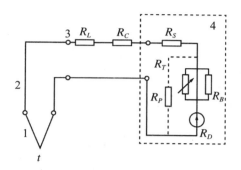

1—热电偶；2—补偿导线；3—冷端补偿器；4—XCZ-101 内部线路。

（a）内部接线图

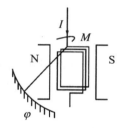

（b）基本原理图

图 4-5　XCZ-101 型动圈式温度指示仪表原理图

如图 4-5（a）所示，虚线框内是 XCZ-101 仪表内部测量部分，其中 R_D 是一种测量微安级电流的磁电式指示仪表。热电偶经过补偿导线、冷端补偿器和外部调整电阻 R_C 再与温度指示仪相连接。

图 4-5（b）是磁电式指示仪表的基本原理图。当处于均匀恒定磁场中的线圈通以电流 I 时，线圈将产生转动力矩 M，在线圈几何尺寸和匝数已定的条件下，M 只与流过线圈的电流大小成正比，即 $M=KI$。式中，K 为比例常数。该力矩 M 促使线圈绕中心轴转动。线圈转动时，支持线圈的张丝便产生反力矩 M_n，其大小与动圈的偏转角 φ 成正比，公式如下：

$$M_n = W \cdot \varphi \qquad (4\text{-}18)$$

式中，W 为比例常数，相当于张丝转动单位角度时所产生的力矩。其值由张丝材料性质、几何尺寸决定。当两力矩 M 和 M_n 平衡时，动圈停止在某一位置上，此时动圈的偏转角如下：

$$\varphi = \frac{K}{W} \cdot I = CI \qquad （4\text{-}19）$$

式中，CI 是仪表灵敏度。显然，动圈偏转角与流过动圈的电流具有单值正比关系。

如图 4-5（a）所示，流过仪表的电流如下：

$$I = \frac{E_t}{\sum R} \qquad （4\text{-}20）$$

式中，E_t 为回路的热电势，$\sum R$ 为回路的总电阻值。

可见，只有在 $\sum R$ 一定时，动圈偏转角 φ 才能正确地反映热电势的值，因此保持回路总电阻恒定或基本不变是保证测温精度的关键。而 $\sum R = R_N + R_E$，R_N 是仪表内部等效电阻，R_E 是仪表外部电阻。

（1）仪表外部电阻 R_E。仪表外部电阻 R_E 包括热电偶、补偿导线和连接导线电阻 R_2、冷端补偿器等效电阻 R_L 及外接调整电阻 R_C。其中 R_C 采用锰铜丝绕制，调整 R_C 使得外部电阻 R_E 等于仪表设计时的规定值（我国规定 R_E=15 Ω 或 5 Ω）。除 R_C 外，R_E 中的其他各电阻值均随周围环境温度的变化而有微小变化，很难做到有效补偿，因此会带来一定的测量误差。

（2）仪表内部电阻 R_N。仪表内部电阻 R_N 包括串联调整电阻 R_S、动圈电阻 R_D、温度补偿电阻 R_B 和 R_T。调整 R_S 的大小可以改变仪表的量程。只要所配用的热电偶型号和测温范围已定，仪表在出厂时 R_S 就被确定了。R_D 是用细铜丝绕制成的线框，电阻值随仪表所处的环境温度而呈近似线性变化。为保证 R_N 尽可能恒定以减少测温误差，必须采取适当的温度补偿措施，为此串接以 R_B 和 R_T 并联的温度补偿回路。R_B 采用锰铜丝无感绕制，R_T 为具有负温度系数的热敏电阻。R_B 和 R_T 的并联等效电阻为 R_K，如图 4-6 所示，可见等效电阻 R 随环境温度变化甚微。

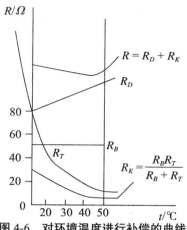

图4-6 对环境温度进行补偿的曲线

国产 XCZ-101 型动圈式温度指示仪表典型线路的电阻值为 R_S= 200 ~ 1 000 Ω，根据热电偶型号和测温范围而定。R_D=80 Ω；R_B=50 Ω；R_T（20）=68 Ω；R_P=600 Ω，是仪表阻尼电阻，用以改善仪表阻尼特性。

该仪表精度等级为一级。可以一支热电偶配用一台动圈式温度指示仪表，也可以几支热电偶通过切换开关共同配用一台动圈式温度指示仪表，如图4-7所示。

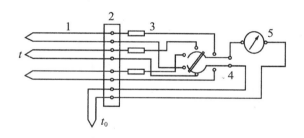

1—热电偶及补偿导线；2—接线箱；3—铜导线及线路电阻；4—切换开关；
5—动圈式温度指示仪表。

图4-7 多支热电偶通过切换开关共用一台动圈式温度指示仪表

2. XFZ-101 型动圈式温度指示仪表

XFZ 系列动圈式温度指示仪表既可与热电偶配用，也可与热电阻配用，它与 XCZ 系列动圈式温度指示仪表的不同之处在于：XFZ 系列的动圈式温度指示仪表的测量电路主要由线性集成运算放大器构成，测量机构中采用了大力矩游丝和玻璃支撑动圈，微弱的输入信号经放大器放大后，输出伏级电压信号。该信号经测量机构线路转换为电流。电流在永久磁铁的磁场中产生旋转力矩，驱动动圈及指针偏转，同时引起游丝变形产生反作用力矩。当旋转力矩与反作用力矩相等时，动圈停止转动。动圈及指针的偏转角度与输入电流成正比，该电流取决于输入的热电动势的值，因此仪表的指针便指示出相应的温度值。

XFZ-101 型动圈式温度指示仪表采用了高放大倍数的集成电路线性放大器，通过动圈的电流增大很多，动圈得到的旋转力矩较大，故称为强力矩动圈式仪表。由于采用强力矩游丝作为平衡元件，稳定性好，具有较强的抗震能力。又因在集成运算放大器中可设置冷端温度自动补偿，故不需在热电偶测温回路中接入冷端温度补偿器。此外，运算放大器的输入阻抗很大，外电路的等效电阻与输入阻抗相比，可忽略不计，因此 XFZ-101 型动圈式温度指示仪表对外电路等效电阻没有具体要求，给使用带来了方便，也相当于增加了一级串联校正环节，提高了仪表的准确度。

3. 直流电位差计

用动圈式测温仪表测量热电势虽然比较方便，但因有电流流过总回路，会因回路电阻变化而给测温带来误差。又由于机械方面和电磁方面的因素很难进一步提高测量精度，在高精度温度测量中常用直流电位差计测量热电势。电位差计测量按随动平衡方式工作，采用把被测量与已知标准量比较后的差值调节至零差的测量方法，所以当电位差计处于静态平衡时热电偶回路没有电流，对测量回路电阻值的变化没有严格的要求。

第一，手动电位差计。手动电位差计是一种带积分环节的仪器，因此具有无差特性，这就决定了它可以具有很高的测量精度。

第二，自动电子电位差计。因为手动电位差计精度高，在精密测量中显示出很大的优越性，所以广泛应用于科学实验和计量部门中。而在工业生产过程中大多需要进行连续测量与记录，要求既具有较高的测量精度，又能连续自动记录被测温度。自动电子电位差计是较理想的一种电位差计，它的精度等级为 0.5 级，除可以自动显示和自动记录被测温度值外，还可以自动补偿热电偶的冷端温度。增加附件后还能增加参数超限自动报警、多笔记录和对被测参数进行自动控制等多种功能。自动电子电位差计的工作电流回路和测量回路可以和手动电位差计类比，只是去掉了检流计，而用电子放大器对微小的不平衡电压进行放大，然后驱动可逆电动机通过一套机械装置自动进行电压平衡的操作，最终消除不平衡电压的存在。因此，它也是一种带积分环节具有无差特性的仪表。

4. 数字式电压表

热电偶所配用的数字式电压表的基本原理是把被测模拟电压量转换为二进制的数字量，再用数码显示器按十进制数码显示出来，其核心部件是模 / 数转换器，简称为 A/D 转换器。比较实用的 A/D 转换器根据转换原理的不同，可分为两种：一是逐次逼近式；二是双积分式。逐次逼近式 A/D 转换器的转换速度快，在计算机数据采集与处理系统中所用的 A/D 转换器多属此类，它每转换一次所需的时间为 $1 \sim 100~\mu s$，最通用的约为 $25~\mu s$。双积分式 A/D 转换器虽然转换速度较慢，每转换一次约 30 ms，但其抗干扰能力较强，价格低，常用于数字电压表中。双积分式 A/D 转换器是用产生一个脉冲数正比于输入模拟电压值的原理工作的。输入模拟电压信号第一次在一个固定时间间隔内积分，然后把积分电路的输入端导通到一个已知的参考电压上进行第二次积分，从导通到积分输出达到规定值所需时间间隔以内的振荡脉冲数正比于输入模拟电压值。

（二）配接热电阻的测温显示仪表

配接热电阻的测温显示仪表种类很多，本书以自动电子平衡电桥为例进行阐述。XCZ-102 型温度指示仪表的精度为 1.0 级，且不能自动记录被测参数。因此，工业中重要的温度测量，凡配有热电阻测温元件的，大量采用自动电子平衡电桥。它具有 0.5 级精度，可自动记录被测参数，还带有自动调节功能。自动电子平衡电桥外形、电子放大器和记录系统均与自动电子电位差计相同，只是测量线路有所不同。

二、温度变送器

温度变送器实质上就是一种信号变换仪表，可以和各种标准化热电偶或标准化热电阻配套使用，将热电势或热电阻变换成统一的直流电流或电压，作为显示仪表的输入量。温度变送器由输入回路、放大电路和反馈回路等组成。

（一）ITE 型热电偶温度变送器

ITE 型温度变送器是目前在电厂中广泛使用的主要变送器之一。ITE 型热电偶温度变送器能与各种标准测温元件（热电偶、热电阻）配合使用，连续将被测温度值线性地转换成 $1 \sim 5$ V DC 或 $4 \sim 20$ mA DC 统一信号输送到指示记录仪表或控制系统中，以实现生产过程的自动检测和自动控制。

采用 24 V DC 供电的普通 ITE 型热电偶温度变送器主要由线性化输入回路和放大输出回路两大部分组成。其线性化输入回路的作用包括：①将功率放大器输出的反馈电压信号转换成与热电偶的热电特性有相似非线性特性的电压信号；②实现热电偶冷端温度自动补偿和整机调零，以及零点迁移和量程范围的调整；③对反馈电压、冷端补偿电压、零点迁移电压及输入热电势进行综合运算。

放大输出回路的作用：①将线性化输入回路输出的综合信号放大转换成 $4 \sim 20$ mA DC 或 $1 \sim 5$ V DC 的统一信号输出供给负载，并向内部的线性化电路输出 $0.2 \sim 1.0$ V 的反馈电压信号；②通过电流互感器实现输入回路与输出回路的电隔离，以增强仪表的抗干扰能力。

在使用 ITE 型热电偶温度变送器时，需要注意：①变送器既可输出 $4 \sim 20$ mA DC 电流信号，又可输出 $1 \sim 5$ V DC 电压信号，但两者的输出端子不同，当采用电流输出时，其外接负载电阻为 100 ℃；②零位和量程调整互有影响，需反复调整。

（二）ITE 型热电阻温度变送器

ITE 型热电阻温度变送器能与各种标准热电阻配合使用，连续将被测温度线性地转换成 $4 \sim 20$ mA DC 或 $1 \sim 5$ V DC 统一信号，送给记录指示仪表或控制仪表，以实现生产过程的自动检测或自动控制。ITE 型热电阻温度变送器与 ITE 型热电偶温度变送器的组成基本相同，都由线性化输入电路和放大输出回路两大部分组成，且两者的放大输出部分一样，仅线性化输入部分不同。

ITE 型热电阻温度变送器线性化输入回路的作用包括：①将输入热电阻 R_t 线性地转换成与被测温度 t 相对应的电势信号 E_t，并对热电阻连接导线电阻所引起的测量误差进行补偿；②实现整机调零，以及零点迁移和量程范围的调整；③对电势信号 E_t、调零及零点迁移电压 U_z 和反馈电压 U_f 进行综合运算。放大输出回路的作用与热电偶温度变送器的放大输出回路作用相同。

ITE 型热电阻温度变送器的零点调整和量程调整相互影响，在实际调试过程中需反复进行调整，直到二者均符合规定数值为止。该变送器在使用时，还必须按一定要求进行外部配线，内容包括：①与热电阻相连接的每根输入导线电阻 r 应符合 $r \leqslant$ 输入量程（℃）$\times 0.1\ \Omega$，但其最大电阻不得超过 10 Ω；②变送器既可输出 4 ～ 20 mA DC 电流信号，也可输出 1 ～ 5 V DC 电压信号，但两者的输出端子不同，当采用电流输出时，最大外接负载电阻为 100 Ω。[①]

第三节　核温度计对核温度同位旋效应的影响

核物质的状态方程表示的是核物质中单核子能量与密度、温度及同位旋不对称度之间的热力学关系，与气体的状态方程相类似。它对人们认识原子核的结构与性质及与核天体相关的物理过程十分重要，一直以来都是核物理领域研究的重要课题。在核物质状态方程中，温度是一个重要的物理量，人们在研究有限核物质时提出了核温度这个概念，并且通过实验和理论对核温度与原子核液气相变做了大量的研究。为了能够提取重离子反应中产生的热核温度，人们利用反应产物的动能性质及化学组分发展了多种核温度计。利用动能性质的温度计有斜率温度计、动量四极矩涨落温度计及伽马光子温度计，利用化学组分的温度计有同位素产额比温度计、$^3H/^3He$ 产额比温度计。当前，实验和理论对核温度的质量依赖已经得到了一致的结论，在相同的激发能下，热核的温度随着系统质量的增加而减小。与核温度的质量依赖相比，

①夏虹. 核工程检测技术 [M]. 2 版. 哈尔滨：哈尔滨工程大学出版社，2017：36-47.

人们更加关注核温度的同位旋依赖。然而，核温度的同位旋依赖研究结果却存在很大的分歧，不同的理论模型给出了截然不同的结果。在相同的激发能下，一些理论结果显示，丰中子系统的温度较高。还有一些理论结果显示，缺中子系统的温度较高。

当前，相关学者在研究入射能量为 600 AMeV 的重离子碰撞过程时发现，丰中子系统的温度较高，核温度的同位旋依赖强度较弱。对于大碰撞参数时的碎裂反应，系统中子 - 质子不对称度（N-Z）/A 为 0.07 ～ 0.19 时，核温度的差别大约是 0.4 MeV。另外，在使用费米能区的重离子碰撞中，在反应末期，利用不同碎块在速度空间的关联，重构了反应早期产生的热核，温度提取方法使用了动量四极矩涨落温度计，人们发现使用不同中质比的反应系统，核温度没有明显的同位旋依赖。在使用相似的准弹重构方法中，温度提取方法使用了同位素产额比温度计和动量四极矩涨落温度计，并发现在相同的激发能下缺中子系统的温度较高，使用动量四极矩涨落温度计时，核温度的同位旋依赖较强。当系统中子 - 质子不对称度（N-Z）/A 为 0.04 ～ 0.24 时，核温度的差别大约是 1.1 MeV。然而，对于同样的反应体系，使用同位素产额比温度计时，核温度的差别大约是 0.2 MeV，相对较弱。因此，系统地比较不同温度计测量核温度同位旋效应对于理解核温度的同位旋依赖非常重要，本书将使用伽马光子温度计和斜率温度计分析核温度同位旋效应。

此处的量子分子动力学模型的哈密顿量表示为如下公式：

$$H = T + U_{\mathrm{coul}} + \int V(\rho)\mathrm{d}r \tag{4-21}$$

其中，T 表示动能，U_{coul} 表示库仑势能，$V(\rho)$ 表示原子核势能密度函数，写作如下公式：

$$V(\rho) = \frac{\alpha}{2}\frac{\rho^2}{\rho_0} + \frac{\beta}{\gamma+1}\frac{\rho^{\gamma+1}}{\rho_0^{\gamma}} + \frac{g_{sur}^{isr}}{2}\frac{(\nabla\rho_n - \nabla\rho_p)^2}{\rho_0} + \frac{g_{sur}}{2}\frac{(\nabla\rho)^2}{\rho_0} + g_{\tau}\frac{\rho^{8/3}}{\rho_0^{5/3}} + \frac{C}{2}\frac{(\rho_n - \rho_p)^2}{\rho_0}$$

$$\tag{4-22}$$

式中 α、β 和 γ 的参数大小为 -168.4 MeV、115.9 MeV 和 1.5 MeV，相应的压缩系数为 271 MeV，参数 g_{sur}、g_{sur}^{isr}、g_{τ} 和 C 分别为 92.1 MeV fm⁵、

−6.97 MeV 和 38.13 MeV。此处的温度提取方法如下。

第一，伽马光子温度计。在重离子碰撞过程中，中子 - 质子碰撞放出伽马光子，产生光子的概率表示如下：

$$p_\gamma \equiv \frac{dN}{d\varepsilon_\gamma} = 2.1 \times 10^{-6} \frac{\left(1-y^2\right)^\alpha}{y} \tag{4-23}$$

其中 $y = \varepsilon_\gamma / E_{max}$，$\alpha = 0.7319 - 0.5898\beta_i$，$\beta_i$ 和 E_{max} 是中子 - 质子碰撞对中质子的初始速度和质心能量。重离子碰撞产生的伽马光谱可以满足如下关系：

$$\frac{d\sigma}{dE_\gamma} = K_d e^{-E_\gamma / E_0^d} + K_t e^{-E_\gamma / E_0^t} \tag{4-24}$$

其中，E_0^t 与核温度存在如下关系：

$$T = (0.78 \pm 0.02) \cdot E_0^t \tag{4-25}$$

通过上述关系，便可以利用伽马光子的能谱，提取反应中产生的热核温度。

第二，斜率温度计。假设重离子反应中产生的发射粒子能谱满足经典的麦克斯韦速度分布律：

$$\frac{dY}{dE_k} = f\left(E_k\right) \exp\left(-\frac{E_k}{T}\right) \tag{4-26}$$

重离子反应中的核温度可以通过拟合上述分布函数获得。通过上述的两种温度提取方法，可以研究重离子反应中核温度的同位旋效用。

综上所述，利用伽马光子温度计和斜率温度计分别研究了核温度的同位旋效应。可见，使用伽马光子温度计时丰中子系统的温度较高，而使用斜率温度计时缺中子系统的温度较高。因此，系统分析不同温度计在测量核温度同位旋效应时的差异，对于研究核温度的同位旋效应及对称能的性质十分重要。[1]

---

[1]张凡，王鄂，关贵明，等 . 不同核温度计对核温度同位旋效应的影响 [J]. 沈阳师范大学学报（自然科学版），2019，37（06）：539-542.

第四节　温度指示仪表在压水堆核电站中的运用

核电站的温度指示仪表，就其原理而言，与火电厂的温度指示仪表没有本质的不同，只是使用方法和型号根据堆型不同而有些差别。核电站温度检测范围和场合不同，所用温度指示仪表也有所不同。

一、热电偶在核电站堆芯温度测量中的运用

压水堆核电站的温度指示仪表中核岛部分所用的热电偶是镍铬－镍铝热电偶，这种热电偶主要用于堆芯温度的检测。对镍铬－镍铝、铁－铜镍、铜－铜镍、铂－铂铑，钨－镍、钨－钨铼等热电偶进行考察，在热中子通量 1×10^{24} 中子/（厘米^2·秒）下进行较长时间的辐射，其结论为镍铬－镍铝最稳定，铁－铜镍次之，其余四种热电偶在辐照期间都发生了成分的变化，从而必然造成热电偶性质的改变。因此，反应堆芯的温度检测常用镍铬－镍铝热电偶。

镍铬－镍铝热电偶直径约 3 mm，采用不锈钢套管，氧化铝绝缘，尾部接一只插件式热电偶连接器。为了验证堆芯设计参数和计算各热管因子，将堆芯温度与堆芯中子通量结合起来，可以决定堆芯最大可能的输出功率，所以堆芯温度检测是指检测预定的燃料组件的出口冷却剂温度。镍铬－镍铝热电偶通常由几十根镍铬－镍铝热电偶棒组成，通过贯穿压力壳上封头的导向管，伸向燃料组件出口处，信号经热电偶的延伸线连接到安全壳内的冷端箱里，再经贯穿件与铜导线送给记录和数据处理系统。

堆芯温度测量的功能包括：①给出堆芯温度分布图，并连续记录堆芯温度，显示最高堆芯温度及最小温度裕度；②探测或验证堆内径向功率分布不平衡程度；③判断是否有控制棒脱离所在棒组；④供操纵员观察发生事故时和事故后堆芯温度和过冷度的变化趋势。例如，大亚湾核电站堆芯温度检测是用 40 个热电偶实现的。热电偶由铬镍合金－铝镍合金制成，包壳使用不锈钢材料，并用氧化铝作为绝缘材料。这 40 个热电偶分为两个通道，每个

通道有 20 个热电偶。温度信号由热电偶导线管经 4 根热电偶柱引出。

热电偶的热端固定在所测燃料组件冷却剂出口处、上堆芯支承板上方的角承板上。热电偶导线穿入导线管，每 10 个导线管穿入一个热电偶支承柱，共有 4 个支承柱。热电偶支承柱穿过压力容器顶盖。导线管穿出热电偶支承柱之后，经过热电偶导线管接头。热电偶经过连接器与同材料的延伸线相连，延伸线接往冷端箱。压力容器头部连接器焊在压力容器上。热电偶支承柱和压力容器头部连接器之间是可拆密封结构，导线管和热电偶支承柱之间是焊接密封结构。热电偶－导线管接头是热电偶和导线管之间的可拆密封结构。

冷端箱有两个，位于安全壳外，由单根镍线和铬线绞绕组成的延伸线接到冷端箱端子上，由转接铜线将温度信号引至电气厂房的堆芯冷却监测机柜中。冷端箱温度由电阻温度计探测，温度信号也输至堆芯冷却监测机柜，用以冷端温度补偿。

二、热电阻在核电站核岛温度测量中的运用

热电阻至今未被广泛应用到反应堆堆芯温度的测量中，其原因是在较高的核辐射场中金属电阻会发生变化，而且变化的数值是辐射形式及辐射期间和辐射之后金属温度的复杂函数。同时，普通的电阻温度计比热电偶大得多，不便于应用到反应堆堆芯中。然而，热电阻常用于反应堆进出口冷却剂温度的测量，因为这时其处于较低的核辐射场中。

铂热电阻主要用于核电站反应堆冷却剂回路温度的监测。反应堆冷却剂在反应堆进、出口处的温度及其温差 ΔT 和平均温度 T_{avg} 是反应堆重要的检测参数之一，其中 T_{avg} 是反应堆功率调节系统的主调节量，超温 ΔT 和超功率 ΔT 保护参数整定值是 ΔT 和 T_{avg} 的函数。

控制系统和反应堆保护系统所采用的反应堆冷却剂温度，是通过直接浸没在小旁通回路内（而不是浸没在反应堆主冷却剂管内）的电阻温度探测器测量的。电阻温度探测器安装在该旁通回路的歧管中，歧管口径比较大，足以容纳电阻温度探测器。在每个反应堆冷却剂环路中，都有两个旁通回路：一个旁通回路用于热段温度测量；另一个用于冷段温度测量。

热段歧管中产生流动的驱动压头，是蒸汽发生器进出口压差。分开角度为 120°（在断面上）的 3 个进水口接收来自热段的样品流。这些样品流在进入歧管前混合在一起。通往蒸汽发生器和反应堆冷却剂泵之间的中间段的回返管线，是热段歧管样品流和冷段歧管样品流共用的。冷段歧管的进水接管在反应堆冷却剂泵的下游。因为泵的混合作用，它不需要多个进水口，只采用一个接管就够了。产生冷段歧管水流动的驱动水头是水泵进出口压差。这些电阻温度探测器是窄量程（277 ~ 332 ℃）探测器。由热段温度和冷段温度可以得到冷却剂回路的平均温度 T_{avg} 和温差 ΔT。

在旁路上用铂热电阻测量温度有两个作用：①能得到热段温度和冷段温度；②产生反应堆控制和保护系统所必需的主回路冷却剂的平均温度信号 T_{avg}，以及主回路冷却剂在热段和冷段的温差 ΔT。

不直接在冷管段和热管段上安装铂热电阻，而要在旁路管线上安装铂热电阻测量温度的理由：①在旁路管线中能得到更加均匀的流体温度；②在旁路管线中，流体的低流速使得可以利用裸露的、没有套管的、响应速度快的铂热电阻元件；③旁路系统允许在不需要对一回路采取某些措施的情况下，检修铂热电阻测温元件。反应堆进、出口冷却剂温度检测时的具体检测点是在每条环路上设置的 6 个铂热电阻：热段 3 个，其中 2 个工作，1 个备用；冷段 3 个，其中 2 个工作，1 个备用。

反应堆冷却剂环路温度，还可以通过安装在每个环路反应堆冷却剂管线测孔内的宽量程（-18 ~ 371 ℃）电阻温度探测器测量。这种探测器被用来指示升温和冷却期间的温度。

三、热电阻在核电站常规岛中的运用

热电阻广泛用于核电站常规岛各种温度的检测。例如：铜热电阻 G_{53} 用于汽轮发电机轴承回油温度和汽机推力瓦工作及非工作面温度的测量，以及发电机定子线圈温度测量；铂热电阻 BA_1 用于回水加热器进、出口水温和发电机铁芯温度的检测。

第五章　核技术工程的可持续发展与应用前景

第一节　核能的和平利用与可持续发展

一、核能的和平利用分析

20世纪是人类文明迅猛发展的一个重要阶段，但这种发展主要依赖无节制地开发利用煤、石油、天然气等化石燃料的自然资源。这些有限的、不可再生的自然资源无法长期满足日益增长的世界能源需求。随着世界经济的迅速发展，能源生产与消费之间、能源需求与环境保护之间的矛盾越来越大，有限的能源储量已无法满足人类日益增长的需求，能源形势越来越严峻。为了应对能源供应紧张，缓解能源消耗过程中带来的生态环境恶化等问题，应充分利用现有传统能源，研究节能新技术，积极开发新能源，开展能源与环境的关系研究。

新能源是相对于传统能源而言的，通常是指核能（裂变能和聚变能）、风能、太阳能、地热能、潮汐能、生物质能、海水温差发电等。此外，对于能提高能源利用效率和改变其使用方式的技术，如磁流体发电、煤的汽化和液化等，则是新的能量转换技术，也属于新能源技术范畴。当今石油价格的上涨和科技的进步，促进了新能源的开发和利用。

尽管风能、太阳能、地热能、潮汐能、生物质能、海水温差等绿色能源越来越受到科学家的重视，但是上述这些能源由于受地理位置、气候条件等诸多因素限制，很难在短期内实现大规模的工业生产和应用。目前，只有核能是一种可以大规模使用且安全经济的能源。核能主要有两种，即裂变能和聚变能。它们的可利用资源非常丰富，其中可开发的核裂变燃料资源（含钍）可使用上千年，核聚变资源可使用几亿年。裂变核能至今已有了很大发展。核裂变发电用核燃料的生产及发电过程会产生大量的核废物，这些核废物危害性较大，相对于核裂变，核聚变更清洁。因此，科学家普遍看好的是利用可控核聚变反应所释放的能量来产生电能。核聚变发电目前仍处于研究开发中。目前，世界上许多国家和地区都在大力发展核裂变发电，并积极开展国际合作，促进核聚变发电的实现。

（一）核能的类别

众所周知，原子核是由中子和质子组成的。一个原子的质量应该等于组成它的基本粒子质量的总和。但是，实际上并不是这样简单。通过精密的实验测量，人们发现，原子核的质量总是小于组成它的质子和中子质量之和。质量减少现象在其他原子核中同样存在，人们将这种现象称为"质量亏损"。根据爱因斯坦的质能关系式 $E = mc^2$，核反应过程中质量的减少，必然伴随着能量的释放，即 $\Delta E = \Delta mc^2$。这种由若干质子、中子等结合成原子核时放出的能量，叫作原子核的结合能，即核能。

一般化学反应仅是原子与原子之间结合关系的变化，原子核结构并不发生改变。因为核子间的结合力比原子间的结合力大得多，所以核反应的能量变化比化学反应大几百万倍。例如：1 kg 氘裂变时可放出相当于 2.7×10^3 t 标准煤的能量；1 kg 氘聚变时所放出的能量更大，相当于 1.1×10^4 t 标准煤或 8.6×10^3 t 汽油燃烧后的热量。

核能包括裂变能、聚变能、衰变能等，其中主要的核能形式为裂变能和聚变能。裂变能是重元素（铀或钍等）在中子的轰击下，原子核发生裂变反应时放出的能量；聚变能是轻元素（氘和氚）的原子核发生聚变反应时放出的能量。

1. 裂变能

某些重核原子在热中子的轰击下，原子核发生裂变反应，产生质量不等的两种核素和几个中子，并释放出大量的能量。产生裂变能所使用的核材料主要是 ^{235}U、^{239}Pu。^{235}U 在天然铀中的丰度约为 0.7 %。^{232}Th、^{238}U 等尽管在自然界中丰度高、储量大，并不能直接用于裂变能的生产，但这些易增殖材料可以在快中子的作用下通过核反应转变为 ^{233}U、^{239}Pu 等易裂变的优质核燃

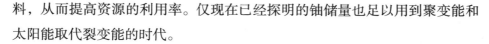

料，从而提高资源的利用率。仅现在已经探明的铀储量也足以用到聚变能和太阳能取代裂变能的时代。

2. 聚变能

核聚变是由两个或多个轻元素的原子核，如氢的同位素氘或氚的原子核，聚合成一个较重的原子核的过程。在这个过程中，由于某些轻元素如氘、氚在聚变时质量亏损较核裂变反应时大，根据 $E = mc^2$，核聚变反应将会放出更多的能量，如原子弹的制造原理。如果对聚变反应不加以控制，氢的同位素氘、氚发生核聚变反应时瞬间释放出大量的热，也会产生巨大的爆炸，氢弹就是利用这个原理来制造的。氢弹的爆炸是一种不可控制的释能过程，整个过程持续时间非常短，仅为百万分之几秒。而作为一种能源，人们期望聚变反应能在人工控制下缓慢、持续地发生，并把所释放的能量转化为电能输出。这种人工控制下发生的核聚变过程被称为受控核聚变。

3. 核能发电

核能发电是目前世界上和平利用核能最重要的途径。无论是从经济还是从环保角度，核能发电都具有许多明显的优势。

（1）核能资源丰富、能量密度高。产生核能所需的铀、钍及氘等资源在地球上的储量十分丰富。地球上已探明的核裂变燃料，即铀矿和钍矿资源，按其所含能量计算，相当于有机燃料的 20 倍。核能的利用空间非常大，特别是在核聚变电站建成后，由于地球上存在着大量可以利用的氘资源，人类将不再为能源问题所困扰。

（2）核电是清洁能源，有利于保护环境。石油、煤等有机燃料燃烧后向外部环境释放大量煤渣、烟尘和硫、氮、碳等氧化物，以及汞、镉、3，4 苯并芘等致癌物质，这些物质不仅直接危害人体健康和农作物生长，还会导致酸雨和"温室效应"，对全球生态平衡破坏较大。核裂变电站的选址、设计、建造和运行必须遵循国际确认或本国政府部门批准的核安全法规（法则）及相关法律，并实行固、液放射性废物回收暂存（再送处理和处置），气态放射性流出物经专门设施过滤符合国家标准后释放。因此，核电站向环境排放的只是极少量经处理、符合相应排放标准的残余尾气和废水。仅从放射性排放角度看，核裂变电也比火电环保。核聚变电站则几乎不产生放射性废物。

（3）从性价比上而言，核电要优于火电。火力发电的成本主要包括发电厂的建造折旧费，石油、煤等有机燃料费。火电厂的燃料费占发电成本的40 % ～ 60 %。核裂变电厂特别考究安全和质量，所以它的建造费一般比火电厂高出 30 % ～ 50 %，但它的燃料费只占发电成本的 20 % ～ 30 %，比火力发电低。在西方发达国家，核裂变电的成本与煤电比较，假如核电成本为1，则火电成本为 1.5 ～ 1.7。煤和石油都是化学工业和纺织工业的宝贵原料，可用来制造各种合成纤维、合成橡胶、合成肥料、塑料、染料、药品等，它们在地球上的蕴藏量是有限的，作为原料，它们的价值比作为燃料的价值高得多。因此，以核燃料代替煤和石油，有利于资源的合理利用。

（二）核能的利用

核技术最初作为现代化武器在国防军事领域使用，如原子弹、氢弹。而后，随着社会的发展，陆续在工业、农业、医学等诸多领域广泛应用。例如，利用核能直接为工厂或家庭取暖供热、核能发电、海水淡化、氢燃料制备、制作航天器用的热电转换型同位素空间电池（利用衰变热发电）、制作心脏起搏器或军用微型同位素电池（利用辐射伏特效应发电）、食品辐照、进行食品和器具的消毒等。以下针对核能的非军事应用进行分析，重点探讨核裂变发电、核聚变发电。

1. 核裂变发电分析

核裂变发电，其核心是反应堆，它是一个能维持和控制核裂变链式反应，从而实现核能与热能转换的装置。

（1）核电站工作的原理。核电站是利用核裂变反应释放出的能量来发电的工厂。它通过冷却剂流过核燃料元件表面，把裂变产生的热量载带到蒸汽发生器中，载出的热量将水蒸发产生蒸汽，推动汽轮发电机组发电。

压水堆核电站主要由一回路系统和二回路系统两大部分组成。一回路系统主要由反应堆、稳压器、蒸汽发生器、主泵和冷却剂管道组成。冷却剂由主泵压入反应堆，流经核燃料时将核裂变放出的热量带出；被加热的冷却剂进入蒸汽发生器，通过蒸汽发生器中的传热管加热二回路中的水，使之变成蒸汽，从而驱动汽轮发电机组工作；冷却剂从蒸汽发生器出来后，又由主泵压回反应堆内循环使用。一回路被称为核蒸汽供应系统，俗称"核岛"。为确保安全，整个一回路系统装在一个称为安全壳的密封厂房内。二回路系统主要由汽轮机、冷凝器、给水泵和管道组成。二回路系统与常规热电厂的汽轮发电机系统基本相同，因此也称"常规岛"。一、二次回路系统中的水各自封闭循环，完全隔绝，以避免任何放射性物质外泄。

（2）反应堆的组成。反应堆由堆芯、冷却系统、中子慢化系统、中子反射层、控制与保护系统、屏蔽系统、辐射监测系统等组成。

①堆芯中的燃料。反应堆的燃料是可裂变或可增殖材料。自然界天然存在的易于裂变的材料只有 ^{235}U，它在天然铀中的含量仅有 0.711 %。另外，还有两种利用反应堆或加速器生产出来的裂变材料，即 ^{233}U 和 ^{239}Pu。这些裂变材料以金属、合金、氧化物、碳化物及混合燃料等形式作为反应堆的燃料。

②燃料包壳。由于裂变材料在堆内辐照时会产生大量裂变产物，特别是裂变气体，为了防止裂变产物逸出，需要将核燃料装在一个密封的包壳中。包壳材料多采用铝、锆合金和不锈钢等。

③控制与保护系统中的控制棒和安全棒。为了将链式反应的速率控制在一个预定的水平上，需用吸收中子的材料做成吸收棒，其称为控制棒和安全棒。控制棒用来补偿燃料消耗和调节反应速率；安全棒用来快速停止链式反应。吸收体材料一般是铪、硼、碳化硼、镉、银铟镉合金等。

④冷却系统。核裂变时产生大量的热，为了维持反应堆运行的安全，需要将核裂变反应时产生的热导出来，因此反应堆必须有冷却系统。常用的冷却剂有轻水、重水、氦和液态金属钠等。

⑤中子慢化系统。慢速中子更易引起裂变，而核裂变产生的中子则是快速中子，所以有些反应堆中要放入能使中子速度减慢的材料，这种材料就叫慢化剂。常用的慢化剂有水、重水、石墨等。

⑥中子反射层。反射层设在活性区四周，它可以是重水、轻水、铍、石

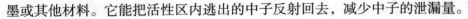

墨或其他材料。它能把活性区内逃出的中子反射回去，减少中子的泄漏量。

⑦屏蔽系统。屏蔽系统设置在反应堆周围，以减弱中子及 γ 剂量。

⑧辐射监测系统。辐射监测系统能监测并及早发现反应堆放射性泄漏情况。

（3）核裂变反应堆的结构形式与分类。根据燃料形式、冷却剂种类、中子能量分布形式、特殊的设计需要等因素可建造成各类型结构形式的反应堆。目前，世界上有大小反应堆上千座，其分类也多种多样。通常按能谱、冷却剂类型及用途对反应堆进行分类。

按能谱分，有中热中子和快速中子引起裂变的热堆和快堆；按冷却剂分，有轻水反应堆（普通水堆，分为水堆和沸水堆）、重水反应堆（以下简称"重水堆"）、气冷堆和钠冷堆；按用途分，有研究试验堆（用来研究中子特性，利用中子对物理学、生物学、辐照防护学及材料学等方面进行研究）、生产堆（主要是生产新的易裂变的材料 ^{233}U、^{239}Pu）、动力堆（核裂变所产生的热能用于舰船的推进动力和核能发电）。

①研究实验反应堆。研究型实验反应堆是指用于科学实验研究的反应堆，但不包括为研究发展特定堆型而建造的、本身就是研究对象的反应堆，如原型堆、零功率堆、各种模式堆等。研究型实验反应堆的应用领域较广，包括堆物理、堆工程、生物、化学、物理、医学等，并可用于生产各种放射性核素和反应堆工程人员培训。研究型实验反应堆种类较多，它包括游泳池式研究实验反应堆、罐式研究实验反应堆、重水研究实验反应堆、均匀型研究实验反应堆、快中子实验反应堆等。

游泳池式研究实验反应堆：在这种反应堆中，水既作为慢化剂、反射层和冷却剂，又起主要屏蔽作用。该反应堆因水池常做成游泳池状而得名。

罐式研究实验反应堆：较高的工作温度和较大的冷却剂流量只有在加压系统中才能实现，因此必须采取加压罐式结构。

重水研究实验反应堆：重水的中子吸收截面小，允许采用天然铀燃料，它的特点是临界质量较大，中子通量密度较低。如果要减小临界质量和获得高中子通量密度，就用浓缩铀来代替天然铀。

②生产堆。生产堆主要用于生产易裂变材料或其他材料，或用来进行工业规模的辐照。生产堆包括产钚堆、产氚堆和产钚产氚两用堆、同位素生产堆及大规模辐照堆。如果不是特别指明，通常而言的生产堆是指产钚堆，该堆结构简单，生产堆中的燃料元件既是燃料，又是生产 ^{239}Pu 的原料。中子来源于用天然铀制作的元件中的 ^{235}U。^{235}U 裂变中子产额为 2～3 个。除维持裂变反应所需的中子外，余下的中子被 ^{238}U 吸收，即可转换成 ^{239}Pu，平均"烧掉"一个 ^{235}U 原子可获得 0.8 个钚原子，也可以用生产堆生产热核燃料氚。

③动力堆。动力堆可分为潜艇动力堆和商用发电反应堆。核潜艇通常用压水堆作为其动力装置。商用核电站用的反应堆主要有压水堆、沸水堆、重水堆、石墨气冷堆和快堆等。

压水堆：采用低丰度（^{235}U 丰度约为 3 %）的二氧化铀作燃料，以高压水作慢化剂和冷却剂，是目前世界上最为成熟的堆型。

沸水堆：采用低丰度（^{235}U 丰度约为 3 %）的二氧化铀作燃料，以沸腾水作慢化剂和冷却剂。

重水堆：以重水作慢化剂，以重水或沸腾轻水作冷却剂，可用天然铀作为燃料。加拿大开发的重水堆（坎杜堆）处于国际领先地位，目前也只有该堆型达到了商用水平。

石墨气冷堆：以石墨作慢化剂，以二氧化碳作冷却剂，用天然铀作燃料，最高运行温度为 360 ℃。这种反应堆积累了丰富的运行经验，到 20 世纪 90 年代初期已运行了 650 个堆年。

快堆：采用钚或高浓铀作燃料，一般用液态碱金属，如液态金属钠或气体作冷却剂，不用慢化剂。根据冷却剂的不同分为钠冷快堆和气冷快堆。利用快堆可实现 ^{238}U、^{232}Th 等核材料的增殖，可使天然铀的利用率提高到 60 %～70 %。这是扩大核燃料资源的重要途径，被认为是继热堆之后的第二代、很有应用前途的一种堆型。不过快堆的核反应功率密度比热堆高，要求冷却剂导热性好，对中子的慢化作用小。液态金属钠具有沸点高（881 ℃）、比热大、对中子吸收率低等优点，是快堆理想的冷却剂。金属钠的化学性质极为活跃，易与水、空气中的氧产生剧烈反应，因此在使用中必须严防泄漏，因而加大了快堆的技术难度。这也是快堆发展长期滞后于热堆的原因之一。

（4）核能发电的发展趋势。核能利用是人类在 20 世纪取得的伟大科技成果之一。19 世纪末，英国物理学家约瑟夫·约翰·汤姆孙（Joseph John Thomson）发现了电子。1895 年，德国物理学家威廉·康拉德·伦琴（Wilhelm Conrad Röntgen）发现了 X 射线。1896 年，法国物理学家安东尼·亨利·贝克勒尔（Antoine Henri Becquerel）发现了放射性。1898 年，居里夫人发现了新的放射性元素钋。1905 年，爱因斯坦在其著名的相对论中列出了质量和能量相互转换的公式 $E = mc^2$，这一公式表明，少量的质量亏损就可转换为巨大的能量，揭示了核能来源的物理规律。这些发现都为核能的利用奠定了重要的理论基础。

1938 年，德国物理化学家奥托·哈恩（Otto Hahn）和弗里德里希·威廉·施特拉斯曼（Friedrich Wilhelm Straßmann）发现了裂变现象：铀原子核在发生裂变的同时，释放出巨大的能量。这个能量来源于原子核内部核子的结合能，它恰好相等于核裂变时的质量亏损。正如其他各种最先进的技术一样，核能的利用是从制造核武器开始的。1942 年，美国著名科学家恩利克·费米（Enrico Fermi）领导了几十位科学家，在美国芝加哥大学（The University of Chicago）建成了世界上第一座反应堆，首次实现了可控核裂变连锁反应，并利用其试验成果于 1945 年建成投产了世界上第一座生产核武器级钚的反应堆，标志着人类从此进入了核能时代。

核能的和平利用始于 20 世纪 50 年代初期。20 世纪末，化石燃料的来源日趋紧张，其供应和价格受国际形势影响波动较大，使用过程中排放的温室气体所带来的环境问题压力日益加剧，再加上两次大事故后世界核电的运行业绩和技术的进步，使得世界上许多国家把发展清洁能源的注意力又重新转移到核能上，世界核电正逐渐走向复苏。例如，世界核新闻网站 2021 年 8 月 11 日报道，联合国欧洲经济委员会（UNECE）新发布的《核能技术简报》称，核能可与其他可持续的低碳或零碳技术一起成为更广泛投资组合的一部分，以实现全球能源体系和能源密集型产业的脱碳。核能是一种重要的低碳

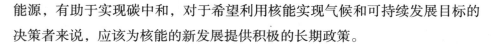

能源，有助于实现碳中和，对于希望利用核能实现气候和可持续发展目标的决策者来说，应该为核能的新发展提供积极的长期政策。

2. 核聚变发电及热核聚变堆研究

尽管核裂变发电是解决目前全球能源危机的一种新的能源，并且已经在国民经济和社会生活中发挥重要作用，但由于地球上的铀资源有限，钍资源利用技术发展不足，目前探明的铀资源仅能维持目前已建和计划建设的核裂变电站几十年的全功率运行。此外，核电站运行过程中会产生大量高放射性废物（以下简称"高放废物"），这些高放废物的处理与处置一直是困扰世界的一个难题。公众对核裂变堆的安全性、可靠性也有所顾虑，对目前高放废物处理措施一直持保留态度。基于以上原因，裂变能的发展受到了一定阻碍。相比核裂变，核聚变几乎不会带来放射性污染等环境问题，而且其原料可直接取自海水中的氘，来源几乎取之不尽，是理想的能源。

目前，人类已经可以实现不受控制的核聚变，如氢弹的爆炸。但是要想使能量被人类有效利用，必须能够合理控制核聚变的速度和规模，实现持续、平稳的能量输出。科学家正努力研究如何控制核聚变，而目前唯一简单可行的可控核聚变方式是：以氢原子，如氘、氚为聚变反应原料，通过高温提高原子核的动能，使之克服核之间的库仑斥力，直到原子核融合，从而释放出能量。核聚变堆一旦建立，将有望解决人类社会能源需求问题。目前，核聚变技术研究成为全世界研究的一个热点。

（1）聚变能的具体优点。作为另一种重要形式的核能，聚变能有以下优点。

①核聚变可比核裂变释放出更多的能量。例如，^{235}U 的裂变反应，将千分之一的物质变成能量，而氘的聚变反应则将近千分之四的物质变成能量。因此，单位质量的氘聚变所放出的能量是单位质量 ^{235}U 裂变所放出能量的 4 倍左右，这是聚变核能作为一种潜在的新能源的突出优点之一。

②核聚变资源充足。海水中含有 2.34×10^{13} t 氘，并且氚可以通过用中子轰击锂核产生，而地球上锂资源非常丰富。因此，如果实现以氘（氘/氚）为原料的受控核聚变，就会解决世界能源短缺的问题。

③聚变能是一种非常安全的能源。核聚变堆发生的任何运行事故都能使等离子体迅速冷却，从而使核聚变反应在极短时间内熄灭。同时，等离子体中的储能非常低，不会发生核裂变堆中因核裂变余热而引起的反应堆事故。因此，从理论上讲，核聚变堆的安全性非常高。

④聚变能是相当清洁的能源。相对于化石原料及核裂变，D-D、D-T核聚变的最终聚变产物仅为无放射性的氦，不产生二氧化碳等温室气体，也不产生长寿命放射性废物，免去了铀、钚回收及高放废物处理、处置难题。因此，从长远来看，发展聚变能，对解决全球能源紧缺、保护地球环境等至关重要。

（2）实现核聚变的条件。在轻元素的原子核聚变过程中，如氘－氘聚变或氘－氚聚变都是带正电的原子核的结合反应，由于原子核之间的库仑斥力很大，必须有足够大的动能才能使它们克服库仑斥力接近到核力能够起作用的范围内（小于10^{-15} m）。尽管用加速器可以将轻核加速到0.05 MeV，轰击氚靶，引发核聚变，但是在100万个被加速的氘核中大约只发生一次聚变，聚变获得的聚变能量远远小于加速器所消耗的电能，得不偿失。目前，增大核动能的唯一可行的方法就是使参加聚变反应的物质具有足够高的温度，即通常所称的核聚变点火温度。对于D-D反应，其点火温度为5×10^8 K，D-T反应的点火温度为10^8 K。如此高的点火温度下，任何物质都已离解成等离子体。

要实现自持的聚变反应，等离子体光有足够高的温度还不行，还需要聚变所产生的能量为次级粒子提供足够的动能以维持聚变反应的进行，即热核反应放出的能量至少要和加热燃料所用的能量相当（反应放出能与输入能量之比$Q=1$，称为"得失相当"）。要实现$Q \geq 1$，除高温外，还必须满足下面两个条件：一个是需要适当的等离子体密度，另一个是维持高温和密度以足够的时间τ。等离子体的密度越大，粒子碰撞发生核聚变反应的概率就越大；高温和等离子体维持时间越长，聚变反应就越充分。

（3）等离子体的约束条件。目前，研究受控核聚变的实验装置多种多样，但是根据其实现约束的原理，这些装置可以分为两类：磁约束和惯性约束。磁约束使用磁场约束高温等离子体，惯性约束则用强激光聚焦加热燃料靶丸。

①磁约束装置。磁约束是受控核聚变研究中最早提出的一种约束方法，也是目前最有希望在近期内实现点火条件的途径。由于等离子体由带电的粒子组成，在磁场中运动会受到磁场的作用力，如果把磁场的形状、强度及分布设计得合理，就有可能使带电粒子在规定的区域内运动。科学家在聚变研究初期提出了各种不同类型的磁约束装置，如快箍缩、磁镜、仿星器等，并进行研究。

托卡马克装置在环形真空反应室内产生两个磁场：一个是由反应室外面的通电线圈产生的非常强的沿环形轴线的轴向磁场；另一个是由变压器线圈的脉冲电流在等离子体中激发的强大感应电流（可达百万安培）产生的圈向磁场。圈向磁场器环形室内，无休止地沿磁力线旋进。强大的感应电流通过等离子体时，还能起到加热作用，这有利于核聚变反应的实现和维持。

托卡马克类型装置采用的是脉冲电流加热，而单靠欧姆加热是不可能达到聚变温度的，因此必然要发展大功率的辅助加热和非感应电流驱动。此外，还必须防止约束等离子体的磁流体不稳定而产生的等离子体破裂现象。为此，人们对托卡马克类型装置形状及加热材料等进行了改进，近年来发展较快的是一种球形环装置，又称球形托卡马克装置，它是一种低环径比（环形等离子体大半径与小半径之比）的托卡马克装置。该装置在保留传统托卡马克装置中等离子体稳定性的同时，改善了托卡马克装置十分低的约束效率。相对于普通托卡马克装置，磁力线和沿磁力线运动的粒子更多停留在磁场强的芯部，所以它能更有效地利用磁能，使等离子体达到较高的温度和电流密度。同时，该装置中的等离子体的约束效率高，不易发生等离子体破裂的情况。

随着托卡马克装置规模加大、脉冲拉长，全面使用超导磁体是必然的选择。将超导技术成功用于托卡马克装置是受控热核聚变研究的一次重大突破。超导托卡马克装置的建成，使得磁约束位形的连续稳态运行成为现实，它是公认的探索、解决未来具有超导堆芯的聚变反应堆工程及物理问题的最有效途径。

②惯性约束装置。惯性约束装置精确利用多路激光束、相对论电子束或高能重离子束，在很短的时间内，同时射向一个微小的氘、氚燃料的靶丸，使靶丸从表面熔化，向外喷射而产生向内、聚心的反冲力，将靶丸物质压缩至高密度，同时将靶丸物质加热到核聚变所需的高温，由于粒子的惯性，这种高温高密度状态将维持一定的时间，可使聚变能充分进行，并释放出大量的聚变能。在这种情况下，由于惯性约束时间短，可不考虑辐射能量损失。激光惯性约束聚变是 20 世纪 70 年代发展起来的一种核聚变方案，近年来发展迅猛，备受人们关注。

3. 其他形式核能的利用

（1）放射性核素电池。放射性核素的衰变能是除裂变能和聚变能之外的另一种重要的核能。通过一定的能量转换方式，放射性核素可以用来制造特种电源，即同位素电池。由于放射性核素衰变时释放的能量大小和速度不受外界环境中的温度、压力、电磁场和光波等的影响，以及能量密度高、所用放射性核素寿命长等特点，同位素电池具有寿命长、无须维护、结构紧凑、比容量高、抗外界环境干扰能力强且安全可靠等优点，可用于航天器、深海声呐、极地荒原考察、无人气象站等极端情况，以及心脏起搏器、微型机械等的动力。

①放射性核素电池的能量转换机制。同位素电池的性能受能量转换机制、换能单元的结构等影响较大。为了提高能量转换效率、延长使用寿命、增加对多种类型和能量范围的含能粒子的适用性并降低制备成本，各国科学家一直在致力于各种转换机制和换能单元的同位素电池研究。

同位素电池的衰变能 - 电能转换机制到目前为止已发展到十余种，根据衰变能的利用方式不同，可将同位素电池转换机制分为两大类：第一类是基于放射性同位素的衰变能所释放出的热量转换为电能，即热电转换机制，其中温差热电转换电池 RTG 是该类同位素电池的代表；第二类是利用放射性同位素的辐射粒子直接或间接转换为电能，其中辐射伏特效应同位素电池是该类同位素电池的代表。

热电转换机制有静态转换方式和动态转换方式两种。静态转换方式包括温差热电转换机制（对应的发电装置，即 RTG）、热离子发射机制、碱金属热电转换机制（alkali metal thermal to electric conversion, AMTEC），以及热致光伏特效应等。RTG 的原理类似于半导体热电偶中的热电转换，其转换效率约为 5 %，随着新型高效热电材料的出现，可将转换效率提高至 10 %，甚至更高；热离子发射机制则是通过热电极发射热离子，在充有铯等金属蒸气的气氛中实现热电转换，其转换效率一般为 8 %，最高可达 18 %；AMTEC 是以 β 氧化铝固体电解质为离子选择性渗透膜，以碱金属为工作介质的热电能量直接转换器件，目前制作成功的只有效率较低的钠介质 AMTEC，若以钾为工作介质，其理论转换效率可达 30 %；热致光伏特效应则是利用放射性同位素衰变能所释放出的热量致光，再利用光伏效应产生电流的间接转换方式，其理论转换效率为 20 % ～ 30 %。

　　动态转换方式主要有布雷顿循环、兰金循环、斯特林循环等，这三种循环都是将热能转换为机械能，再由机械能转换为电能。布雷顿循环所采用的载热物质为惰性气体（如氙或氦），惰性气体经加热推动涡轮机，再带动发电机发电实现热电转换；兰金循环的载热物质一般为液态金属（如汞或碱金属）或有机物质，经加热液态物质转变为蒸汽，推动涡轮机从而带动发电机；斯特林循环的特点是不通过涡轮机而采用往复式的可逆引擎发电。

　　动态转换方式理论上可获得的效率（可达 40 %）高于静态转换方式，然而其工程化应用仍存在以下三方面的瓶颈问题：一是高效率要求高的热端温度和低的废热排放温度，而低的废热排放温度导致辐射散热面积增大；二是高速运转部件的润滑；三是高速转动产生的惯性矢量对系统（如航天器）稳定性的影响。核电源系统（nuclear power system, NPS）到目前为止公开报道在航天领域中应用的都是基于静态转换方式的同位素电池。

　　利用放射性同位素射线粒子的转换机制主要有直接收集、辐射伏特效应、压电悬臂梁、射线致荧光伏特效应、磁约束下粒子电磁辐射收集机制、衰变能耦合 LC 振荡电路发电机制等。直接收集机制是收集极直接收集放射性同位素衰变放出的带电粒子电荷产生电能；辐射伏特效应机制利用半导体器件的内建电场分离半导体材料在放射性同位素放出的高能粒子作用下产生的电

子 - 空穴对，从而产生电流；压电悬臂梁机制利用微悬臂梁收集并累积放射性同位素放出的带电粒子，在静电作用下周期性地与放射源接触放电，这个过程伴随着微悬臂梁的周期性形变，该形变通过与之紧密贴附的压电材料转换成电流输出；射线致荧光伏特效应机制是利用放射性同位素放出的粒子激发荧光物质发出荧光，再在光伏效应下产生电流；磁约束下粒子电磁辐射收集机制是利用磁场约束放射性同位素辐射的 β 粒子，使其在回旋运动中将能量以电磁波形式发射出来，用金属收集电磁波并转换成电流输出；衰变能耦合 LC 振荡电路发电机制不直接用放射性同位素的衰变能来供能，而将其衰变能耦合进已储能的 LC 振荡电路，补偿振荡电路固有阻抗对振荡的衰减，维持并放大 LC 振荡，通过交流变压器给外电路供电。

目前，已经实际应用的衰变能发电机制主要是温差发电 RTG。相比之下，辐射伏特效应机制虽应用不多，但具有很大的开发潜力。下面将重点介绍微型同位素电池。

②微型同位素电池。微电子机械系统（MEMS）技术被认为是 21 世纪初重要的科技成果之一，它涵盖的应用范围很广，如医药、生物科技、航空及消费电子、通信、量度、电脑技术、安全技术、自动化装置及环境保护等。目前，应用 MEMS 技术生产的商业产品有压力计、加速计、生化感测器、喷墨打印机喷头和许多可丢弃的医疗用品等。除了上述应用，MEMS 技术在国防等领域也有潜在的应用需求，因此各先进国家都投入大批人力与物力进行研发。目前，制约 MEMS 应用与推广的主要障碍是缺乏与这种微型装置相匹配的、长期稳定供电的微型电源。解决 MEMS 电能供应问题是目前发展 MEMS 技术中的重要课题之一。

将放射性核素衰变能转换为电能的同位素电池是解决这个问题的有效途径之一。放射性核素衰变时，会释放出带电粒子，直接俘获这些带电粒子或通过半导体材料的 PN 结，可以产生电流电压，为微型电子机械系统供电。其中微型辐伏电池可能是最佳的解决方案。辐伏电池的研究始于 20 世纪 50 年代，但由于同位素制备、半导体制造等相关技术发展滞后，在很长一段时间内，该领域研究未能有所突破；20 世纪 90 年代后期，在 MEMS

等微小系统机载电源需求的牵引下，加之同位素、半导体技术的发展，辐伏电池的研究再次受到关注，大量的研究集中在对半导体换能单元器件的改进上，如新结构、新材料、新类型半导体器件的尝试，以增大同位素的有效加载量、利用率及增强换能单元抵抗同位素辐射损伤的能力，从而提升辐伏电池的总体性能。

放射性同位素对辐伏电池的性能来说至关重要。辐伏电池的最终使用寿命取决于放射性同位素的半衰期；放射性同位素射线性质和密度决定输入功率的大小，因而直接影响电池的输出功率；射线与换能单元材料的相互作用在产生电子 - 空穴对的同时，还伴随产生其他辐射效应，这会造成电池在长时间供能过程中输出电流的稳定性波动。

一般而言，辐伏电池所用的放射性同位素选择原则如下：功率密度高；半衰期长；毒性小，其合适的化学形态应具有抗氧化、耐腐蚀、不潮解、不挥发、不易被生物吸收、不易在人体内积聚等性质；纯度高，有害杂质少，不发射中子和高能 γ 射线；稳定性好，选用的具有一定化学形态的放射性同位素与密封材料不发生化学作用，且在高温时仍能保持电池密封的可靠性；经济易得。

微型同位素电池与 MEMS 相结合，可应用于许多研究领域。例如：由长寿命微型同位素电池供能的微型气压传感器，可检测 1 ‰ Pa 的气压变化，用于低气压环境（如真空室）的气压监测；微型压力（应力）传感器可永久性地置于建筑物的墙体内、飞行器的腔体壁内、船舶（潜艇）外壁内，提供各种情况下（如地震前后、巨浪作用下等）墙体、腔体的结构变化信息，为安全评价和事故预防提供及时可靠的资料。MEMS 在航空航天领域的应用将引起航空航天系统的变革，组成重量不足 0.1 kg、尺寸减小到最低限度的微卫星，用一枚中等运载火箭即可将成百上千颗微卫星射入近地轨道，形成覆盖全球的星座式布局；MEMS 在国防上的应用将引发军事作战方式的全面变革，部队可以部署大量低成本、近距离的传感器和灵巧武器，以草秆或叶片等形状散布于海上或飘浮在空中，可以秘密发回情报而敌方难以觉察。

（2）放射性核素辐射致光。利用放射性核素核能产生光能，称为辐射致光，也称为永久自发光，它利用放射性同位素所发出的射线激发某些材料（荧光、磷光材料等）发出可见光的特性而获得光能。因此，辐射致光由两个重要部分组成：提供射线（能量源）的放射性核素和受激发产生光能的发光基材。辐射致光在1906年被发现后就在工程技术中被用来制作发光的放射性涂料，通常称为永久发光材料。作为一种自发光的微光源，其由于具有无须外部激发、简单可靠、持久稳定等特点，具有很广的适用范围，如低度照明、发光信号、显示装置和发光标记等。同时，这种自发光材料还具有很好的隐蔽效果，可用于某些特殊用途，如用在飞机、潜艇、坦克等仪器仪表盘上，同时它还可在恶劣的环境下正常工作，可在地下矿井、坑道的照明和安全标志中应用。

氚发光材料是目前技术较成熟且应用较广的一种放射性核素发光材料，它是由含氚载体与荧光剂组成的自发光材料，氚发光材料是黑暗条件下小视野照明的优选光源，美国、法国、俄罗斯、加拿大、瑞士等国家氚发光材料研发起步早，产品质量好，主要用于军事，目前已发展并用于交通路标、建筑物逃生标识牌、手表指针、钓鱼灯等的照明。氚发光材料军民两用，需求量大，市场前景非常好。目前，氚发光材料国内批量生产问题尚未解决，原因是氚是受控物质，来源难以保证，国内荧光粉发展滞后。

（3）核能制氢。由于目前的化石燃料资源有限、不可再生，以及使用过程带来环境污染和温室效应等问题，特别是近年来世界经济迅速发展带来的能源需求加剧，全球的能源结构发生了较大的变化。成本低、清洁、可持续的能源，如核能、太阳能、氢能等的开发利用越来越受到全世界的重视。氢是一种高热值、无污染、不产生温室气体的能源载体，氢能被认为是21世纪理想的二次能源，它除了可直接当作燃料产生热能，还可以用来制造燃料电池及具有潜在军事用途的金属氢。

目前，常用的制氢方法有甲烷重整、水电解、生物质转化、石油部分氧化、煤或生物质的热解或气化等，工业上占主导地位的是甲烷重整和水电解两种方法。使用甲烷等化石燃料制氢存在环境污染和温室效应问题，而水电解制氢消耗电能较大，因此想要实现氢能源生产和利用的无污染、零排放，就必须寻找可持续利用的、洁净的且成本低廉的一次能源。而核能正好满足上述要求，有可能成为今后制氢的一次能源。

核能制氢技术主要有电解水制氢、热化学制氢两类。利用核电电解水制氢是核能制氢的一种方式，已经得到实际应用，但这种方式能耗高、效率低。相比于核电电解制氢，将反应堆中核裂变过程产生的高温直接用于热化学制氢这种技术具有更高的制氢总效率，因此该技术已经得到了广泛的研究。

由于热化学制氢具有效率较高、无温室气体排放的优点，随着研究的不断深入，在解决了高温下设备腐蚀等问题后，它将是一种理想的大规模制氢方式。

（4）核能供热（暖）。核能供热是20世纪80年代才发展起来的一项新技术，它是一种经济、安全、清洁的热源，因而在世界上受到广泛重视。在世界能源结构上，用于低温（如供暖等）的热源，占总热耗率的一半左右，这部分热多由直接燃煤取得，因而会给环境造成严重污染。在我国能源结构中，近70％的能量是以热能形式消耗的，而其中约60％是120℃以下的低温热能，所以发展反应堆低温供热，在缓解运输紧张、净化环境、减少污染等方面都有十分重要的意义。

（5）空间核能源。随着对太空探索及开发利用的不断深入，现在需要一种功率合适、质量轻、寿命长、成本低且安全可靠的空间能源，以保证航天活动的供电与推进。空间核能源在功率范围、使用年限、独立性、抗干扰等方面有普通能源（化学能、太阳能等）无法比拟的优势，它既可作为短时间高功率爆发式供能（空间核推进），也可低功率长期供电（空间核电源），几乎能满足所有航天活动对能源的要求。

空间核能源的形式主要有裂变能和衰变能。空间核能源系统包括放射性核素电源系统、空间反应堆电源系统、核热推进系统、核电推进系统、双模式（电源／推进）空间核动力系统等。

核热推进系统将反应堆的裂变能直接加热推进剂至高温，然后将高温高压的工作介质从喷管高速喷出，从而产生巨大的推动力，可作为空间飞行器的推进动力。其他几类系统则是将衰变能或反应堆裂变能通过各种机制转化为电能，为空间器供电或加热空间器燃料产生推力。目前，航天工业中使用的核电池，大多利用放射性核素 ^{238}Pu 的 α 衰变能，通过温差效应把热能直接转化为电能。核电池的功率一般是几十 W 到 $200 \sim 300$ W，寿命从几年到几十年不等。

放射性核素电池为地球卫星（导航、通信）、月球登陆、太空星球探测提供电力支持，出色地完成了各项任务。例如："阿波罗"登月，航天员将核电池留在月球表面，为阿波罗月球科学实验舱提供电力，使实验舱能长时间地向地球发回宝贵的科学数据；"先驱者"号与"旅行者"号无人航天器也装载着这种核电池，飞越木星和土星并驶向太阳系的更远处。空间反应堆电源的反应堆，用浓缩度 90 % 以上的 ^{235}U 作核燃料，有热堆，也有快堆，它的电功率大，从几 kW 到几十 kW 不等，使用寿命为 $3 \sim 5$ 年。反应堆电源还可进一步满足未来空间飞行对电源更大规模、更高功率与更长寿期航天使命的要求。

除上述核能应用外，核能还有着广泛的应用，如海水淡化、放射性核素自发光光源等。核能的广泛应用，在解决人类赖以生存的环境、资源的问题及人类社会可持续发展上发挥着重要的作用。

二、核能的可持续发展措施

核能的广泛利用，极大地促进了世界经济的迅速发展和人类生活水平的提高。特别是核聚变电站的开发，将永久解决困扰人类社会发展的能源问题。在聚变能未开发应用之前，还需要大力发展裂变能，以缓解目前及今后很长一段时间内全球能源供应紧张的状况。尽管相对于化石燃料，核裂变发电具有成本低、相对清洁等优点，但它也带来了不少难以解决的问题，如燃料的处理与处置、铀资源的匮乏与大力发展核电之间的矛盾等。

（一）乏燃料的处理方式

1. 乏燃料的"一次性通过"方式分析

"一次性通过"方式，是指将乏燃料元件经长时间冷却、包装后，整体作为废物送入建于深地层中的永久储存库，并进行最终处置。该种核废物最终处置方式的概念比较简单，而且费用可能较低，核扩散的风险小，但大量的核资源（铀和钚）被埋入地下，天然铀利用率很低。同时，由于乏燃料中包含了所有的放射性核素，其中部分核素放射性强、发热量大、毒性大、半衰期长，需要将它们与人类生存环境长期、可靠地隔离。但这些核素要在深地质处置过程中衰减到低于天然铀矿的放射性水平，需要 10 万年以上的时间。由于深地质层地质环境的复杂性、各种包装材料的可靠性等影响，这种处置方式对环境安全的威胁性极大，公众的认可度低。"一次性通过"方式采用的是高放废物地质处置，这是一个极其复杂的系统工程，它涉及工程、地质、水文地质、化学、环境安全等众多学科领域，是集基础、应用、工程等学科于一体的综合性的攻关项目。

2. 乏燃料的"后处理"方式分析

与"一次性通过"方式相比，"后处理"技术已在工业规模上证明了其安全有效性，它从 20 世纪 70 年代开始，已经在若干个国家成功运行，并且其技术还在不断改进中。目前，乏燃料的后处理主要采用普雷克斯流程（Purex 流程）。采用该流程，可将乏燃料中的 U、Pu 提取出来进行再循环，以充分利用铀资源，而长寿命裂变产物（long-lived fission product, LLFP）和次锕系元素（minor actinides, MA）进入高放射性废液，通过水泥固化等技术将高放废物做成稳定的固化块，如硅硼酸盐玻璃，送入深地质层永久储存库进行处置。尽管目前的后处理方式可实现 U、Pu 的再循环，但长寿命裂变产物和次锕系元素仍留在高放射性废液中，在深地质处置时仍需与地质圈隔离 106 年才能达到环境放射性水平。简而言之，目前的后处理方式仍没有解决高放废物带来的环境问题。

（二）建立先进的核燃料循环体系

"先进燃料循环"体系是指将热堆燃料循环与快堆或加速器驱动次临界洁净核能系统（ADS）结合，在实现 U、Pu 的闭路循环的同时，实现 MA 及 LLFP 的嬗变。与现有的燃料循环体系相比，先进燃料循环体系中的燃料循环过程将进一步简化，可在满足快堆燃料循环要求的前提下采用"一循环" Purex 流程，在低裂变产物去污因子下将 U 和 Pu 同时从乏燃料中分离出来，制成快堆用混合氧化物燃料，再利用快堆将 ^{218}U 增殖为易裂变的 ^{239}Pu，从而使得铀的利用率高、核电经济性更好（投资费用减少 1/2 ～ 1/3）、防核扩散能力更强（低裂变产物去污）。同时，燃料循环过程中产生的 MA、LLFP 在快堆或 ADS 中燃烧或嬗变，可以减少其长期放射性危害，保证环境安全。因此，先进燃料循环体系还具有核废物产生量小等特点。建立先进的燃料循环体系是实现核能可持续发展的必要条件。

需要注意的是，尽管"先进燃料循环"体系极大地消除了长寿命核素的放射性危害，但最终仍不可避免地会产生需要地质处置的强放射性废物。从上面的论述可知，先进燃料循环体系是建立在先进的乏燃料后处理技术和先进的反应堆或加速器驱动系统上的。其中，分离是先进燃料循环体系的关键。

1. 实现 ^{238}U、^{232}Th 的快堆增殖

热堆核电站产生的乏燃料经后处理提取的铀和钚，如果返回热堆中循环使用，则铀资源的利用率仅能提高 2 ～ 3 倍。由于地球上 ^{235}U 资源有限，限制了以燃烧 ^{235}U 为主的热堆电站的发展规模及运行时间。由于乏燃料及天然铀矿中 ^{238}U 占大多数，只有在快堆中多次循环，将大部分 ^{238}U 燃烧掉，才能使铀资源利用率提高几倍，核废物的体积和毒性降低 90 % 以上。这意味着，采用快堆技术及其相应的先进核燃料闭合循环，可以使地球上的已知常规铀资源再使用几千年。

此外，地球上的钍资源相当丰富，其地质储量是铀资源的 4 倍，所能提供的能量大约相当于铀、煤和石油全部储量的总和。^{232}Th 不是易裂变材料，但它在快中子作用下增殖为易裂变的 ^{233}U。而 ^{233}U 在更宽的中子能谱范围内有着比 ^{235}U、^{239}Pu 优越的核性质，它的热中子寄生俘获小于 ^{235}U、^{239}Pu。锕系废物，尤其是超铀元素产生量小，Th-U 循环可在热堆中实现高转换比（接近 1）。同时，由于 ^{232}Th（n, $2n$）反应后产生的 ^{232}U 及其子体核素发出强 γ 射线，钍循环内在的防核扩散能力强。基于以上原因，利用快堆 - 热堆技

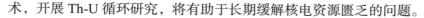

术，开展 Th-U 循环研究，将有助于长期缓解核电资源匮乏的问题。

2. 长寿命裂变产物及锕系元素的嬗变

嬗变是指通过吸收中子，重原子发生裂变或散裂等核反应，使长寿命核素转变成短寿命或稳定核素。可提供中子源的嬗变设施包括热堆、快堆和ADS。

通过分离和嬗变（partitioning and transmutation）处理中、长寿命高放废物的概念是在 20 世纪 60 年代提出的。在 20 世纪 70 年代，美国、英国等国家曾对分离和嬗变开展了广泛的探索性研究。但由于当时各种技术水平的限制，分离和嬗变研究一直存在着相当大的争议，某些国家对分离和嬗变技术用于核废物处理甚至得出了否定结果，分离和嬗变研究一度转入低潮。由于反应堆技术、加速器技术、后处理和分离等技术的发展，以及深地层处置研究中暴露出的复杂性和远期风险的不确定性，分离和嬗变研究于 20 世纪 80 年代末到 20 世纪 90 年代初在全世界重新得到重视，并取得了较大进展。通过快堆、聚变－裂变混合堆、散裂中子源次临界堆嬗变处置核废物的工作相继开展起来。

高放废物的分离和嬗变能否达到消除远期风险的目的，关键是对长寿命高放废物分离的干净程度。不管嬗变效率多高、嬗变多彻底，最后残留毒性取决于分离的丢失率，如丢失率为 1 %，最后残留毒性则不会小于 1 %。嬗变效率越差，循环次数越多，残留毒性越高。采用何种堆型进行 MA 及 LLFP 的嬗变影响到先进核能系统的组成及最终放射性废物量。

无论是快堆还是 ADS，都不能消灭而只能减少 MA 和 LLFP。所以，地质处置仍然是不可避免的，只是待处置的高放废物量减少。先进的核燃料循环系统要实现废物最小化、资源利用最大化，必须具备先进的后处理技术（U、Pu、MA 及 LLFP 的分离）和先进的反应堆技术（快堆或由加速器驱动的核能系统，用于 ^{238}U、^{232}Th 的增殖和 MA、LLFP 的嬗变），也只有建立了先进的核燃料循环系统才可能实现核能的可持续发展。

3. 发展先进的后处理技术

未来燃料循环发展的最重要的趋势是实现锕系元素（Pn、U、MA）的完全再循环，即所谓的先进燃料循环的转变。实施先进燃料循环不仅可以提高铀资源的利用率，而且有助于解决最受公众关注的高放废物的安全处置问题。在先进燃料循环的实施中，通过次锕系的分离和嬗变，核废物与生物圈隔离的时间可缩短为 1 000 ~ 1 500 年。同时，除锕系元素的完全再循环外，还应对乏燃料中其他有毒、长寿命核素，如 ^{90}Sr、^{137}Cs、^{99}Tc 等进行分离，使之得到控制或再利用。

发展先进的后处理技术、建立包括高放废液处理及长寿命核素嬗变在内的先进核燃料循环体系已经成为目前全球研究的重点。先进后处理技术包括能适应高燃耗、短冷却期的乏燃料后处理技术，分离次锕系元素的先进水法分离技术，快堆乏燃料后处理的先进干法技术等，这也是未来发展的先进燃料循环技术的主要研究内容之一。其中，三价锕系元素与镧系元素之间的良好分离是"分离和嬗变"核燃料循环必须解决的问题。

目前的乏燃料后处理主要是针对 U、Pu 的回收建立的，不涉及 MA 及 LLFP 的分离，因此无法满足先进燃料循环体系的要求，有必要开展先进后处理技术的研究。

（1）水法后处理流程的改进。目前，先进后处理有两种技术方案，即全分离方案和"后处理－高放废物分离"方案。全分离方案是指从乏燃料中将 U、Pu、MA 和 LLFP 等核素全部分离出来的全新分离流程，该方案实施难度较大。"后处理－高放废物分离"方案即所谓的"后处理－分离"（Reprocessing-Partitioning, R-P）方案，它在改进 Purex 流程（如增加 Np、Tc 等的分离）的基础上，从高放废物中分离出三价 MA，并实现镧系、锕系元素之间的分离。

第一，水法后处理流程的改进研究。目前，国际上对常规 Purex 流程的改进，主要是在分离 U、Pu 的基础上，强化 Np 和 Tc 等的分离，改进并加强对 ^{14}C 和 ^{129}I 气体排放的控制。例如，日本开发的先进 Purex 流程和用无盐试剂从 Purex 流程中提取 Np 的方法，英国与俄罗斯合作开发的"一循环" Purex 流程，等等。上述基于常规 Purex 流程的各种改进方案，其优点是只需对成熟 Purex 流程的工艺稍加调整即可实现，再在现有商用后处理厂附近，建设从高放废物中分离 MA 的工厂，就能实现核素的全分离。所以，该方案技术比较成熟、易于实现、投资费用较低。目前，各国大都沿着这一思路开展研究。

第二，从高放废物中分离 MA。提取 U、Pu 后的高放废液里含有放射性毒性很大的三价 MA（主要是 Am 和 Cm），其分离则比较复杂，它还包括锕系、镧系元素之间的分离。由于在高放废液中镧系元素的含量比锕系元素高一个数量级，并且三价的锕系、镧系元素的化学行为极为相似，两者的分离极其困难。总而言之，对于从高放废物中分离 MA 的工作，各国仍处于实验室研究阶段，An/Ln 分离处于探索性研究阶段。实现工业应用还需要 10年以上的努力。在 An/Ln 分离方面，需继续寻找高效的分离方法并尽量减少二次废物的产生（要求尽量采用无盐试剂）。

（2）干法后处理。动力堆燃料燃耗的进一步加深，以及出于核燃料循环的经济性而考虑的缩短乏燃料冷却时间的要求，都将导致待处理的乏燃料的辐射增强，从而使以有机溶剂为萃取剂的水法后处理难以胜任。干法后处理又成为一个颇为活跃的研究领域。干法后处理先将氧化物燃料经氯化处理为氯化物熔盐，在高温条件下进行电化学处理，然后对目标核素进行选择性分离。与水法后处理相比，干法后处理的优点是：①采用的无机盐介质具有良好的耐高温和耐辐照性能；②工艺流程简单，设备结构紧凑，具有良好的经济性；③试剂循环使用，废物产生量少；④Pu 与 MA 一起回收，有利于防止核扩散。

但是，干法后处理的技术难度较大：元件的强辐照要求整个过程必须实现远距离操作；需要严格控制气氛，以防水解和沉淀反应；结构材料必须具有良好的耐高温和耐腐蚀性能；等等。目前，大多数国家在干法后处理方面尚处于实验室研究阶段[①]。

---

①罗顺忠. 核技术应用 [M]. 哈尔滨：哈尔滨工程大学出版社，2015：303-338.

第二节 核技术应用的辐射安全与防护

当前，很多国家都在积极开展核技术应用研究工作。核技术在带来能源、经济效益的同时，也带来了诸多安全隐患，若是利用不当，极易引发辐射事故，不仅导致环境污染，而且直接威胁工作人员和周边居民的生命安全。目前，我国正处于核技术的快速发展时期，核电机组规模世界领先，核技术应用规模持续扩大，加强相关安全防护与监管分析具有重要的现实意义。

核技术是以核性质、核反应、核效应和核谱学为基础，以反应堆、加速器、辐射源和核辐射探测器为工具的现代高新技术。近些年，核技术应用单位数量不断增加，其在工业、农业、医疗卫生及科研领域均发挥着越来越重要的作用。随着核技术应用规模的不断扩大，辐射安全问题越来越受到社会的关注。因此，必须落实核技术应用的辐射安全与防护工作，保证相关参与人员的生命健康，实现我国核技术的可持续、稳定发展。

一、核技术应用辐射安全的隐患

目前，随着核技术、核设备在各行各业中的广泛运用，其在为经济、社会带来效益的同时，也可能对人类、环境产生危害。例如，核辐射直接威胁人体健康，放射性物质在环境中的释放可能会导致放射性污染。目前，我国在核技术应用辐射安全防护方面与国际先进水平还存在一定的差距，并且存在不少安全隐患。

第一，省级及地市级辐射安全监管能力不足。为保证核技术应用辐射安全，有必要构建安全监管体系。

第二，核技术应用辐射安全相关法律法规不完善。目前，我国核技术应用辐射安全的相关法律法规以《中华人民共和国核安全法》与《中华人民共和国放射性污染防治法》为主，虽然我国一直在完善相关法规和标准，但是现有法律体系依旧存在覆盖不全的情况。例如，辐射环境监测、核燃料循环设施、核安全设备、核设施退役、放射性废物处理处置和核事故应急等方面依旧缺少可靠的法规，而且部分法规缺少配套的实施细则，可操作性差，很多涉及核技术应用辐射安全方面的标准直接采用核电发达国家的标准，我国尚未形成一套符合自身实际的标准体系。此外，从地方立法情况来看，部分省份在与核技术应用辐射安全相关的地方性法规方面还是一片空白，相关监督检查、应急响应、经验反馈、公众沟通和核安全文化宣贯机制缺乏，有待进一步完善。

第三，核技术应用辐射安全管理任务重、隐患多。从我国核技术应用来看，2020年放射源达15万枚，射线装置有18万台，这给安全管理工作的开展带来了更高的挑战。我国核技术应用辐射安全事故类别以丢失放射性物质、放射性物质污染及人员受超剂量照射三者为主，事故原因可归纳为以下方面：不使用监测仪表；审管不力；设备故障；人员培训缺乏或不足；不遵循安全操作规程；缺少安全操作规程。总体而言，我国核技术应用存在诸多安全隐患，人们必须进一步落实相关防护与监管工作。

第四，核技术应用单位安全文化缺失，培训不到位。我国部分核技术应用单位依旧存在"重效益、轻安全"的问题，未能做好安全文化氛围营造工作，甚至未对操作人员进行安全培训。这就会导致操作人员安全意识不强，未能严格按规范操作，引发各种安全事故。

二、核技术应用辐射安全与防护策略

第一，加强地市级辐射安全监管力量建设，提高基层安全监管水平。在完善辐射安全监管体系时，可适当借鉴地方环保机构垂直管理改革经验，构建跨区域辐射环境监管组织力量，尤其是核技术应用较多的省份，可以根据当地情况探索并构建跨市域的辐射监督执法机构，以调查省内核技术应用辐射安全事故。同时，要进一步建立和完善地市级监管机构，保证基层监管力量。

第二，完善核技术应用辐射安全监管法制体系，促进监管制度化、规范化发展。完善的法律法规、技术导则与行业标准是核技术应用辐射安全监管工作开展的重要基础，其涉及多个领域和诸多核技术应用环节。

第三，做好核技术应用单位的辐射防护，遏制安全事故的发生。核技术应用单位是最直接的辐射产生源头，因此其必须做好辐射防护工作，才可切实遏制安全事故的发生。①优化工作场所。核技术应用单位必须根据实际工作情况，合理规划工作场所，科学确定屏蔽厚度，切实保证放射防护控制效果，将受照射剂量控制在人体可接受的最低水平。②建立工作人员健康档案。核技术应用单位必须给放射工作人员建立长期的健康档案，做好个人剂量监测工作，定期地进行放射工作人员职业健康检查，及时发现问题、解决问题。③落实工作场所现场管理工作。核技术应用单位应将辐射工作场所与其他工作场所分离，加强人员出入管理，防止出现意外事故；辐射场所要定期、不定期地进行相关监测检查，做好记录，不断督促整改，保证核技术应用辐射防护效果。④完善辐射事故应急预案。核技术应用单位需要提前制定完善的辐射事故应急预案，并组织开展事故演习，根据演习情况不断改进预案，同时做好相关应急物资的存储与更换工作，确保一旦发生辐射事故，能够最大限度地保证工作人员的人身安全。

第四，加强培训和宣传，提高放射工作人员的素质。对于核技术应用单位而言，放射工作人员是否具备良好的安全意识与专业的操作能力，直接决定了核技术辐射事故的发生率的高低。因此，核技术应用单位必须将工作人员的相关培训工作抓实、落稳，积极组织放射工作人员学习相关法律法规与规范标准，加强安全教育。必须定期开设业务操作技能学习课程，要求所有放射工作人员严格按规程操作，防止出现不必要的辐射事故。另外，核技术应用单位还应积极打造一支高素质的辐射环境管理队伍，不断提高自我管理水平，全面提升辐射防护工作水平。

随着我国核技术应用单位数量持续增加，核技术在很多行业中的应用规模持续扩大，但是其间各种卡源事件、丢源事故的出现使得社会再次将目光放在核技术应用辐射安全方面。要想保证核技术应用安全，就必须从最基本的规范制度、安全监管体系完善入手，进一步督促核技术应用单位做好安全防护工作，包括优化工作场所、建立放射工作人员健康档案、加强现场安全管理，以及做好应急工作等，切实提高核技术应用人员的安全意识和操作水平，全面保证核技术应用安全，最终获得良好的社会效益和经济效益。①

第三节　核技术工程在环境中的应用前景

我国环境研究中应用的核科学技术在大气环境、水环境、土壤环境、农业环境、体内环境、灾变环境、海洋环境及泥沙侵蚀环境等方面都取得了显著的成果。这些成果不仅具有重要的科学意义，而且为我国的环境治理提供了科学依据，从而具有巨大的社会效益和经济效益。

从当前各国研究核技术工作的进展情况来看，无论是发达国家还是发展中国家，都将更广泛地应用核技术。核技术在环境研究中具有重要地位，许多国家都开展了有关水、废水、污泥、工业固体废物等辐照处理的基础研究和工业实践。

利用辐射处理污泥、废水和其他生物废弃物的技术，可以取代传统的填埋、投海、焚烧等处理方式，保证环境不会受到二次污染。

鉴于核技术对于促进环境保护事业的发展的重要意义，中国环境科学学会与中国核学会等 5 个单位联合于 1989 年在太原召开了我国第一次"核技术在环境保护中的应用"学术交流会。此后，核化学与放射化学学会的环境放射化学专业委员会也连续召开了两次学术讨论会。在这些学术研讨会上发表的论文所涉及的范围包括了上述各个方面的研究和应用成果。由此可以看到，在我国的环境科学领域中，核技术应用的潜力是相当宽广的。

实际上，核技术的发展在我国已有多年的历史，早在 20 世纪 60 年代，我国便形成了相当完整的核工业体系，涉及的技术装备与科研力量也是相当雄厚的。尽管在近年来，由于一系列原因，原有的核工业体系与核科学研究体系发生了很大变化，但目前在不少大专院校与科研部门及部分原有的核企业单位，还保留着相对完整的核系统和实验室。一方面，近年来核工业系统较为重视环境保护工作，开发了大量的环保技术，并取得许多值得推广的经

①黄标. 核技术应用的辐射安全与防护分析 [J]. 中国资源综合利用，2021，39（02）：143-145.

验；另一方面，相当多的核技术单位与核技术人员转入环境部门。这对于推进核技术在环境保护工作中的应用是一个十分有利的因素。

当然，由于有些核技术的应用涉及开放性放射性物质的操作，除提高了对于实验室规格和实验设备的要求外，也提高了对于研究人员和分析人员素质的要求。又如，中子活化分析技术要求使用反应堆、加速器或中子源作为辐射源。近年来，国际上发表了大量用活化方法进行环境样品测定的研究，其中相当一部分是采用中子源和小型加速器完成的，这可能是为了提高活化分析应用的普及率而进行努力的结果。

针对我国目前的情况，在环境领域发展核技术的应用，除可以解决有关环境科研中的许多技术难点外，核测试技术的引入，还将促进环保设备与核测试仪器的结合，从而进一步促进环保产业的发展。核事业与环保事业的有机结合，也将进一步发挥原有核技术人员的作用，使我国的环保事业得到更充实的发展。①

---

①罗顺忠. 核技术应用 [M]. 哈尔滨：哈尔滨工程大学出版社，2015：263-264.

第六章　核技术工程在不同领域中的应用实践

第一节　核技术工程在医学领域中的应用

医学是核技术应用的重要领域之一，全世界生产的放射性同位素中，有 80% 以上用于医学。将核技术用于疾病的预防、诊断和治疗，形成现代医学的一个重要组成部分 —— 核医学。核医学是将核素（包括放射性核素和稳定核素）标记的示踪剂用于医学和生物（体内、体外）、医疗（主要包括诊断、治疗）和研究用途的学科，其发展可追溯到 20 世纪初。随着计算机技术的发展，人们发展了将计算机断层扫描术（computed tomography, CT）、磁共振成像（magnetic resonance imaging, MRI）与发射计算机断层显像（emission computed tomography, ECT）图像融合的技术，可以将各种影像技术获得的信息加以综合，确定病灶的大小范围及其与周围组织的关系，从而得到更具生理意义的功能参数图，使得核医学在疾病的临床诊断方面具有独特优势。进入 21 世纪，核医学的发展仍然有赖于影像技术、放射性核素、放射性药物及分子生物学等相关技术的发展。

一、临床核医学的影像技术及其设备

临床核医学主要指应用于人体临床医学领域的核医学技术。按照国家有关学科的分类方法，核医学与放射、超声等影像医学统称为"影像医学与核医学"。核医学影像技术能在体外获得活体中发生的生物化学反应、器官的生理学和病理学变化过程，以及细胞活动等分子水平的信息，可为疾病诊断提供功能及解剖学的资料，与 CT、MRI 和超声成像有本质区别。CT 反映的是器官与组织对于 X 射线的吸收系数。MRI 反映的是体内 H_2O 质子弛豫时间的空间分布。超声成像反映的是器官和组织对于超声波的反射能力。核医学影像技术将放射性核素引入受检者体内，通过探测其发射的 γ 射线进行

成像，在显像之前必须注射相应的放射性药物，不同脏器的显像需要用不同的显像剂，同一脏器不同显像目的也需用不同的显像剂，其影像反映的是显像剂或其代谢产物的时间和空间分布。

核医学显像设备主要包括 γ 闪烁照相机（γ scitillation camera）和发射型计算机断层扫描仪。发射型计算机断层扫描仪分为单光子发射型计算机断层扫描仪（single photon emission computed tomography, SPECT）和正电子发射型计算机断层扫描仪（positron emission tomography, PET）。核医学显像设备经历了从扫描仪到 γ 闪烁照相机、SPECT、SPETC/CT、PET、PET/CT 的发展过程。SPECT 于 20 世纪 80 年代就已经广泛用于临床，PET 于 20 世纪 90 年代广泛用于临床。近年来 PET/CT 的出现，实现了功能影像与解剖影像的同机融合，优势互补，使正电子显像技术发展非常迅猛。SPECT/CT 的临床应用，也必将极大推动单光子显像技术的发展。最近又推出了以半导体探测器代替晶体闪烁探测器的显像仪器，提高了探测的灵敏度和分辨率，可能对核医学显像仪器的发展具有划时代的意义，PET/MKI 也会在此基础上迅速发展。

（一）γ 闪烁照相机

γ 闪烁照相机又称 Anger 相机，由探头、电子学线路、记录显示装置及附加设备四部分组成，可对脏器中放射性核素的分布进行一次成像和连续动态观察。探头由铅准直器、NaI（Tl）闪烁晶体及光电倍增管阵列等部分组成。铅准直器上开有许多平行于圆盘轴线的准直孔，用来接收发自不同位置的 γ 光子。根据所使用的放射性核素的 γ 射线能量，可选用高、中、低能准直器与闪烁晶体光耦合的若干个光电倍增管排成一定的阵列。每一个入射 γ 光子在闪烁体内产生上千个荧光光子，这些光子按照不同的比例分配到光电倍增管中而被记录。由光电倍增管的输出信号的幅度比可以确定 γ 光子与闪烁体相互作用的位置，即准直孔的位置，也就是药物在脏器中的位置。γ 照相机得到的是放射性核素在扫描视野中的二维分布，即脏器的平面影像。

（二）SPECT 与 SPECT/CT

SPECT 是 γ 照相机与电子计算机技术相结合发展起来的一种核医学诊断设备，用于获得人体内放射性核素的三维立体分布图像。SPECT 与 γ 照相机的平面图像相比具有明显优越性，其克服了平面显像对器官、组织重叠造成的掩盖小病灶的缺点，提高了对深部病灶的分辨率和定位准确性。SPECT 工作的主要原理如下。

（1）投影（Projection）：采集 SPECT 的探头装在可旋转的支架上，围绕病人旋转。在旋转的过程中，准直器表面总是与旋转轴平行。在多数情况下，旋转轴与病人头脚方向平行。数据采集可以根据需要从某一角度开始，在预定时间内采集投影图像，然后旋转一定角度，在同样时间内采集下一幅投影图像，如此重复，直到旋转 180° 或 360° 停止。

（2）重建（Reconstruction）：断层从投影数据经过适当的计算得到断层图像称为重建。电子计算机投影重建的断层图像是离散的、数字的，是很多像素组成的矩阵。重建图像的方法主要有迭代法、滤波反投影法等。

SPECT/CT 是 SPECT 和 CT 两种成熟技术相结合形成的一种新的核医学显像设备。SPECT 的图像往往缺乏相关解剖位置对照，发现病灶却无法精确定位；而 CT 影像的分辨率高，可发现细微的解剖结构的变化。SPECT/CT 实现了 SPECT 功能代谢影像与 CT 解剖形态学影像的同机融合，两种医学影像技术取长补短，优势互补。一次显像检查可分别获得 SPECT 图像、CT 图像及 SPECT/CT 融合图像。同时 SPECT/CT 中的 CT 还可为 SPECT 提供衰减和散射校正数据，提高 SPECT 图像的视觉质量和定量准确性。

（三）PET 与 PET/CT

PET 与其他核医学成像技术一样，也利用示踪原理来显示体内的生物代谢活动。但是，PET 有两个不同于其他核医学成像技术的重要特点。首先，它所用的放射性示踪剂是用发射正电子的核素所标记的。PET 常用的正电子核素有 ^{18}F、^{11}C、^{15}O、^{13}N 等，它们是组成人体元素的同位素或类似元素。这些核素置换示踪剂分子中的同位素不会改变其原有的生物学特性和功能，因此能更客观、准确地显示体内的生物代谢信息。其次，PET 采用的是符合探测技术，用符合探测替代准直器，使原本相互制约的灵敏度和空间分辨率都得到了较大提高。

PET 是反映病变的基因、分子、代谢及功能状态的显像设备，它将正电子核素作为显像剂来标记人体代谢物，通过病灶对显像剂的摄取来反映其代谢变化，从而为临床提供疾病的生物代谢信息，是当今生命科学、医学影像技术发展的新里程碑。PET 利用正电子发射体的核素标记一些生理需要的化合物或代谢底物，如葡萄糖、脂肪酸、氨基酸、水等，将其引入人体后，应用正电子扫描机扫描而获得体内化学影像。PET 因能显示脏器或组织的代谢活性及受体的功能与分布而受到临床广泛重视，也被称为"活体生化显像"。PET 的出现使得医学影像技术达到了一个崭新的阶段，使无创伤性地、动态地定量评价活体组织或器官在生理状态下及疾病过程中细胞代谢活动的生理、生化改变及获得分子水平信息成为可能，这是目前其他任何方法都无法实现的。PET 在发达国家广泛应用于临床，成为肿瘤、冠心病和脑部疾病这三大威胁人类生命疾病诊断和指导治疗的最有效手段。目前，最常用的 PET 显像剂为氟代脱氧葡萄糖（^{18}F-fluorodeoxyglucose, ^{18}F-FDG），其为用 ^{18}F 标记的一种葡萄糖的类似物。

PET/CT 是由 PET 和 CT 整合而成的大型核医学影像设备。与 SPECT 图像类似，PET 的图像往往缺乏相关解剖位置的对照，发现病灶却无法精确定位，而且示踪剂的特异性越高，这种现象越明显；而 CT 影像的分辨率高，可发现细微的解剖结构的变化。PET/CT 整合了两种医学影像技术，取长补短，优势互补。病人在检查时经过快速的全身扫描，可以同时获得 CT 解剖图像和 PET 功能代谢图像，使医生在了解生物代谢信息的同时获得精准的解剖定位，从而对疾病做出全面、准确的判断。

二、医用放射性核素分析

用放射性核素或标记的化合物及生物制品来研究、诊断、治疗疾病的制剂称为放射性药物。根据作用途径的不同，放射性药物可分为体外放射性药物和体内放射性药物两大类。体外放射性药物是一种分析试剂，用于血液及分泌物样品的放射免疫分析（radioimmunoassay, RIA）、免疫放射分析（immunoradioassay, IRMA）、放射受体分析（radio receptor assay, RRA）、放射性配基结合分析（radio ligand binding assay, RBA）等；体内放射性药物则须将药物引入病人体内，通过观察药物在体内的运动、分布、代谢来诊断疾病，或者是将药物定位于肿瘤组织，利用药物中放射性核素发射的射线进行肿瘤治疗。放射性药物由合适的放射性核素标记在输送该核素到靶器官的运载分子上构成，核素的选择主要取决于药物的用途，也与采用的靶向载体有关。

（一）诊断用的放射性核素

SPECT 显像用的放射性核素最好只发射单能 γ 射线，不发射带电粒子，因为发射带电粒子对于显像不仅没有贡献，反而会对病人增加不必要的内照射。γ 射线能量最好为 $100 \sim 300$ keV。能量太低，从发射点穿出体外的吸收损失增加；能量过高，要求的准直器厚度增加。

PET 显像用的放射性核素最好只发射 β^+ 粒子，不发射 γ 射线，因为 γ 射线会增加偶然符合计数，降低信噪比。核素的半衰期最好为 10 s ~ 80 h。半衰期太短很难，甚至无法将其标记到运载分子上；半衰期太长，显像以后残留在体内的放射性活度太高，会给病人造成额外的辐射。这就限制了显像用的放射性药物的总活度。较短半衰期的核素可以注入较大的量，在短时间内采集到足够的数据后，很快衰变掉，有利于得到高质量的图像。

理想的放射性核素应是生物体内的主要组成元素（C、H、N、O、S、P 等）或类似元素（如 F、Cl、Br、I 等卤素取代 H）的同位素，但这样的放射性核素不多。对于金属放射性核素，则要求它能与运载分子形成热力学稳定或动力学惰性的配合物。此外，医用放射性核素应该来源方便、价格便宜，容易制成高比活度的制剂。

（二）治疗用的放射性核素

适合于治疗的放射性核素应满足下列条件：①只发射 α、β、俄歇电子，或仅伴随发射少量弱 γ 射线；②半衰期为数小时至数十天；③衰变产物为稳定核素；④可获得高比活度的放射性制剂。α 粒子的传能线密度（LET）高，约为 β 粒子的 10^3 倍。能量为 $4 \sim 8$ MeV 的 α 粒子在组织中的射程为 $25 \sim 60$ μm，与细胞的直径相当。因此，α 粒子用于体内放射性核素治疗肿瘤的能量聚积最集中。β 粒子在组织中具有一定的射程，如 E_{max}=1 MeV 的 β 射线在组织中的最大射程约为 4 mm，约为 100 个细胞直径的和，如果药物分子能选择性地进入肿瘤细胞，其发射的 β 粒子足以将该肿瘤细胞杀死。

三、医用放射性药物

由于放射性药物化学和核医学的发展，人们已经从合成的数千种放射性标记化合物中筛选出一批性能优良的放射性药物并用于核医学显像，且几乎机体内所有器官都有合适的显像剂可供使用。

（一）脑显像剂

1.脑灌注显像剂

脑灌注显像剂主要用于测定局部脑血流量（regional cerebral blood flow, rCBF），因此要求脑中放射性药物的分布与 rCBF 成正比。药物须穿越完整的血脑屏障才能进入脑组织中，即要求药物分子满足脂溶性、电中性和分子量小于 500。药物分子在脑中需要有一定的滞留时间，并有确定的区域分布。

2.脑受体显像剂

神经系统由神经元组成，神经元的功能是接受刺激和传导冲动。神经元有三种：感觉神经元、运动神经元及内神经元。内神经元的作用是在前两种神经元间传递冲动。典型的脊椎神经元由树突、细胞体和轴突组成，树突为接收来自感觉感受器或其他神经元的神经冲动的纤维，它分离出接收到的以电位变化为形式的刺激，在多数情况下传导给细胞体和轴突。轴突在接收到高于阈值的刺激时产生神经冲动，将其从细胞体发送到另一神经元，或者某一效应肌肉或腺体。突触是两个神经元的接界，当一个神经冲动到达一个树突的末梢时，将某种称为神经递质的化学物质释放到突触小泡。

神经递质在毫秒级的时间内扩散穿过称为突触间隙的微小空间，与细胞的接收点处的受体分子结合。由于视神经递质的数量和受体种类的不同，新的神经冲动可以是激励性的，也可以是抑制性的。随后，神经递质被酶促反应破坏，或者被轴突末端重新摄取，使得反射时间得到限制。在某些情况下，神经冲动的传送是电性的，即到达信号通过称为缝隙连接的开放沟道，直接从突触前膜传送到突触后膜。

尽管已经知道有大量的化学物质具有神经递质作用，但目前为止，还只有多巴胺、5-羟色胺、乙酰胆碱、去甲肾上腺素和 γ-氨基丁酸等少数化学物质被鉴定出来。

神经递质的释放、传送、重吸收、浓度的时间和空间分布与脑的活动、功能、疾患有密切的关系。因此，神经受体显像是在分子水平上研究神经生物学的有力工具。神经递质能与相应的受体选择性地结合，因而受体就以与其特异结合的神经递质命名，如多巴胺受体、乙酰胆碱受体等。药物如果能与某受体结合产生与递质相似的作用，则称为激动药。如果药物与受体结合后妨碍递质与受体结合，产生与递质相反的作用，则称为阻断药。目前，脑受体显像剂多是用放射性核素标记的激动剂或拮抗剂。

（二）心血管的显像剂

1. 血栓显像剂

血栓的形成会导致心肌梗死、心绞痛、脑中风及猝死等，因此血栓显像剂是当前放射性药物研究中的一个热点。血栓是由血管内纤维蛋白、血小板和红细胞凝聚而成的，其形成过程受纤维蛋白原的调节。

2. 心肌代谢显像剂

心肌的能量主要来自脂肪酸的代谢，因此放射性核素标记的脂肪酸可用于心肌代谢功能的显像。心肌代谢显像剂主要用于心肌损伤、心肌缺血的诊断及心肌缺血与心肌坏死的区分。

3. 心肌灌注显像剂

心肌灌注显像是利用正常或有功能的心肌细胞选择性摄取某些金属离子或核素标记化合物的作用，应用 γ 闪烁照相机或 SPECT 进行心肌平面或断层显像，可使正常或有功能的心肌显影，而坏死的心肌及缺血心肌则不能显影（缺损）或影像变淡（稀疏），从而达到诊断心肌疾病和了解心肌供血情况的目的。在临床上，心肌灌注显像用于冠心病心肌缺血早期诊断、心肌梗死和心肌病诊断、心肌活力评估等。

理想的心肌显像剂应满足以下要求：①心肌对它有较高的摄取和较长的滞留时间；②血清除快，且有较高的心 / 肝、心 / 血、心 / 肺比值；③心肌摄取量与心肌血流成正比；④最好有心肌再分布特性。目前，用于心肌灌注显像的药物较多，常用的有两类：第一类是单光子发射显像的药物；第二类是正电子发射显像的心肌灌注显像药物。

4. 心肌乏氧显像剂

心肌因供血不足，以致部分心肌处于乏氧状态，若得不到及时治疗，就可能坏死。目前，采用溶栓、血管成形或再造技术等临床手段可降低死亡率，改善预后。因此，在进行"搭桥"手术（取病人本身的胸廓内动脉、下肢的大隐静脉等血管或者血管替代品，将狭窄冠状动脉的远端和主动脉连接起来，让血液绕过狭窄的部分，到达缺血的部位，改善心肌血液供应，进而达到缓解心绞痛症状，改善心脏功能，提高患者生活质量及延长寿命的目的，即冠状动脉旁路移植术）之前，区别心肌缺血（心肌细胞仍存活，但处于冬眠状态）与坏死（永久性损伤）非常重要。

乏氧显像剂被缺血细胞摄取后，在乏氧条件下可被黄嘌呤氧化酶催化还原而滞留在乏氧细胞中，而在正常氧供条件下不被还原而难以滞留，但坏死细胞对显像剂无摄取功能。由此可见，用乏氧显像剂进行心肌显像，可以区分正常心肌、缺血心肌和坏死心肌。

5. 心血池显像与心功能测定

在心血管动态显像中，显像剂以"弹丸"形式注入受检者静脉，并立即用 γ 相机连续采集数据 20 s，以获得显像剂随血流首次通过心脏及大血管的动态影像，可了解心脏及大血管的位置、形态及循环通道与循环顺序是否正常的信息。这对于先天性心脏病、左心室室壁瘤及动脉瘤、上腔静脉阻塞综合征的诊断与瓣膜反流的评价有临床价值。

在心血池显像中，显像剂通过静脉注射到血管，待显像剂与血液均匀混合后，以病人向身的心电图的 R 波（心电图波段之一）作为采集数据的开始与终止信号，在 R-R 期间重复采集图像。从所得到的图像中，可以计算出心脏收缩期和舒张期的功能指标、心室容量负荷指标、局部心室壁的运动与功能指标、收缩的时相图和振幅图等，在临床上用于冠心病的早期诊断、心肌梗死及心肌病的诊断，以及心脏传导与心室功能的评价等。

在首次通过法心血管显像中，显像剂以"弹丸"形式注射到静脉中，立即进行快速动态照相，采集显像剂首次通过中央循环的全过程，计算出心室功能参数，如左、右心室的射血分数及高峰射血率等。

（三）肿瘤显像剂

1. 单克隆抗体肿瘤显像剂

当分子量较大的外源性物质进入生物体内时，生物体会产生一种对抗抗原的蛋白质，称为抗体。抗体与相应的抗原亲和力高，生成复合物后使得外来物质的有害作用得以减弱或消除，称为免疫反应，这是生物的一种自我保护反应。人体中存在的免疫球蛋白 G（IgG）是最常见的抗体，抗体由两部分构成，每一部分由轻链（L 链）和重链（H 链）组成，两部分通过二硫键连接。H 和 L 链的前端为与抗原的识别部位，称为抗原决定簇。

自德国科学家 H. 科勒（H. Kahler）和阿根廷科学家 G. 米尔斯坦（G. Milstein）创建 B 淋巴细胞杂交瘤技术以来，各种单克隆抗体（McAb）相继被制备出来。McAb 的最大特点是它的高度专一性和对其专属抗原的高亲和力。如果用单光子发射核素或正电子发射核素标记单克隆抗体进行 SPECT 或 PET 显像，则为放射免疫显像；如果标记上治疗放射性核素用于体内的放射治疗，则为放射免疫治疗（RIT）。放射性核素标记的 McAb 被称为"生物导弹"，其中 McAb 将放射性核素运送到目标细胞，起着靶向载体的作用。

McAb 分子中的二硫键可被还原为巯基（$S^{2-}+2e^-+2H^+ \rightarrow 2HS^-$），这些巯基能与 TcO^{3+} 配位，形成相当稳定的配合物。利用这个方法可以将 ^{99m}Tc 直接标记到 McAb 分子上，在该体系中，常用的还原剂有亚锡、2- 巯基乙醇（2-ME）、亚硫酸钠、抗坏血酸等。用 2-ME 作还原剂时，过量的 2-ME 必须用葡聚糖凝胶除去，否则将会与 McAb 的巯基竞争 $^{99m}TcO^{3+}$，降低标记率。还原反应是在近中性的水溶液中进行的，Sn（Ⅱ）和还原 Tc 容易发生水解形成胶体，为此必须在溶液中加入中间络合剂葡萄糖酸、柠檬酸或酒石酸缓冲溶液。在实际操作中：将 McAb 溶液、中间络合剂和 $^{99m}TcO_4^-$ 溶液混合，调节 pH 到 7.4 左右，接近生理环境 pH；加入适量的 $SnCl_2$ 溶液，还原和标记反应同时进行。但用这种直接标记法得到的 ^{99m}Tc-McAb 对半胱氨酸、谷胱甘肽等含巯基的化合物不稳定。

^{90}Y 和 ^{111}In 等金属核素用直接标记法不能制备稳定的标记化合物，需要通过 BFCA 间接标记到 McAb 上。BFCA 是一种双功能螯合剂，它用其一个基团与 McAb 共价结合，用另外的官能团与金属离子螯合。为了最大限度地保持标记物的免疫活性，常在 BFCA 与 McAb 间插入一个隔离基团。

放射性核素标记的完整 McAb 用作肿瘤显像剂还有一些不尽如人意的地方：首先，它在体内寻找目标的时间太长，需要 48 ~ 72 h；其次，它的外源性会引起人体免疫反应，产生人抗鼠抗体反应，使得在第一次注射 9 ~ 12 个月后才能进行第二次注射；再次，血液对于外源性 McAb 清除很快；最后，它的分子量大，导致肝对它的摄取太高，从而影响靶组织的摄取量。

利用酶切技术获得的 McAb 片段 Fab（用木瓜蛋白酶裂解 McAb）或 F（ab'）$_2$（用胃蛋白酶裂解 McAb）后，寻找目标的时间可以缩短，适合 ^{99m}Tc 标记。另一种改进的方法是预定位技术。亲和素（avidin, AV）是一种从鸡蛋清中提取糖蛋白（分子量 16.2 kD）而形成的四聚体，可与一种称为生物素（biotin）的维生素特异结合，每一个 AV 四聚体可以与 4 个生物素结合，结合常数高达 10^{15} L · mol^{-1}，比抗体 - 抗原结合常数（10^5 ~ 10^{11} L · mol^{-1}）高得多。预定位方法有两种：第一，将 AV 偶联到 McAb 上，静脉注射到体内，一部分 McAb-AV 结合到肿瘤细胞表面，经过一定时间，待血中游离的

McAb-AV 被清除后，再注射放射性标记的生物素，它与已结合于肿瘤细胞表面的 McAb-AV 高特异性地结合，过一定时间再显像，可获得清晰图像；第二，将生物素偶联到 McAb 上，静脉注射到体内，一部分 McAb-biotin 结合到肿瘤细胞表面，经过 2 ~ 3 天，待血中游离的 McAb-biotin 被清除后，再局部（通常为腹腔）注射放射性标记的 AV，它与已结合于肿瘤细胞表面的 McAb-biotin 高特异性地结合，过一定时间再显像，可获得清晰图像。AV 可以用链霉亲和素（streplavidin, SV）代替，效果更好。如前所述，一个 AV 或 SV 四聚体分子可结合 4 个生物素，因此结合了一个 AV 或 SV 的 McAb 可结合 4 个放射性核素标记的生物素分子，起到生物放大的作用。预定位法的缺点是需要两次注射，而且仍然存在免疫抗性的问题。

2. 小分子肿瘤显像剂

肿瘤细胞生长旺盛，对于营养物质（葡萄糖、氨基酸等）的需求远高于正常细胞，因此可以用放射性核素标记的葡萄糖、氨基酸等作为肿瘤显像剂。

^{18}F-FDG 在体内的分布与葡萄糖类似，但不能与葡萄糖一样代谢。注入体内的 ^{18}F-FDG 可在肿瘤组织处浓集，浓集程度随肿瘤的恶性程度增加而增加，因此可用于肿瘤（如脑、肺、肝、头颈部、网状内膜系统、肌肉系统、胸腔、膀胱、垂体等组织的肿瘤）的早期诊断、良性瘤与恶性肿瘤的区分、肿瘤的分级，以及手术与放、化疗后疗效的评价。^{18}F-FDG 用于肿瘤显像的缺点是特异性不够高，对于显像异常部位的确诊往往需要用其他方法加以佐证。

肿瘤组织的蛋白质合成速度加快，氨基酸的摄取速度也相应提高，但氨基酸比葡萄糖在炎症细胞（主要是中性白细胞）代谢过程中的作用小，测量标记氨基酸的吸收比测量葡萄糖的消耗能够更准确地估计肿瘤的生长速度。基于此，^{11}C-L- 酪氨酸、^{11}C-L- 蛋氨酸和 ^{11}C-L- 亮氨酸适于探测肿瘤细胞中蛋白质的合成情况，为肿瘤诊断和治疗提供有用的信息。由于其代谢物 $^{11}CO_2$ 能很快从组织中清除，其对 PET 测量肿瘤细胞中的 ^{11}C 没有影响。^{123}I-甲基酪氨酸的肿瘤摄取与肿瘤细胞的活性相关，而与细胞密度无关，可以用于脑胶质瘤的诊断治疗。

^{67}Ga- 枸橼酸镓中的 Ga^{3+} 类似于 Fe^{3+}，在血液中能与运铁蛋白、乳铁蛋白等结合，结合物可与肿瘤细胞表面的特异受体结合，部分进入肿瘤细胞和浸润的炎症细胞的溶酶体中。其可用于恶性淋巴瘤、霍奇金病的定位诊断和临床分期，肺部和纵隔肿瘤的定位诊断和鉴别诊断，淋巴瘤和肺癌等放化疗的预后评价。

许多肿瘤，特别是实体瘤的核心附近，常常发生缺血甚至坏死的现象。利用组织乏氧显像剂可以诊断这些肿瘤。注射药物数小时后，正常组织中放射性大都被清除，乏氧的肿瘤仍滞留有较高的放射性，显像时表现为放射性浓聚增高区。

（四）其他脏器显像剂

用放射性核素标记的显像剂可以用于其他器官的显像，过去用 ^{131}I 标记的放射性药物有逐步被 ^{99m}Tc 标记物所代替的趋势。

1. 骨显像剂

各种肿瘤最终都会转移到骨骼，引起剧烈的骨疼痛。骨显像剂用于肿瘤骨转移的早期诊断，可比 X 射线早 3 ～ 6 个月发现骨转移病灶。此外，骨显像对于诊断原发性骨瘤、股骨头坏死及骨髓炎，以及监测骨移植的成活等也具有临床价值。骨的主要成分为羟基磷灰石晶体，它的 Ca^{2+}、OH^- 及 PO_4^{3-} 可与血液中的同种放射性离子进行交换。放射性核素标记的化合物还可以通过化学吸附富集于骨骼。^{99m}Tc-PYP（焦磷酸）、^{99m}Tc-MDP（亚甲基二膦酸）、^{99m}Tc-HMDP（羟基亚甲基二膦酸）、^{99m}Tc-DPD（二羧基丙烷二膦酸）、^{99m}Tc-HEDTMP（羟乙基乙二胺三甲撑膦酸）及 ^{99m}Tc-HEDP（羟基亚乙基二膦酸）是常用的骨显像剂，其中含 P-C-P 结构的膦酸型显像剂比含 P-O-P 结构的焦磷酸型显像剂在体内更稳定，因而发展很快。

2. 肝胆显像剂

^{99m}Tc 标记的亚氨基二乙酸（IDA）衍生物可被肝细胞从血液中摄取，又分泌到毛细胆管中与胆汁一起排至肠内，可用于肝胆显像。改变苯环上的取代基可以调节整个分子的亲脂性，亲脂性分子有利于肝胆显像。^{99m}Tc

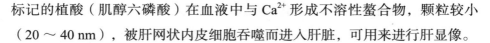

标记的植酸（肌醇六磷酸）在血液中与 Ca^{2+} 形成不溶性螯合物，颗粒较小（ $20 \sim 40\,nm$ ），被肝网状内皮细胞吞噬而进入肝脏，可用来进行肝显像。

3. 肾显像剂

（1）肾小球滤过型放射性药物。肾小球滤过率（GFR）是指单位时间内肾脏清除含有特定物质（这些物质能从肾小球自由滤过，而不被肾小管重吸收或分泌）的血浆容量。DTPA 属于这类物质，因此 ^{99m}Tc-DTPA 可用于 GFR 的测定。根据显像结果，可进行肾功能判定、诊断尿路梗阻、监测肾移植术后反应、确定肾功能衰竭患者的肾透析时间、检查泌尿系统感染等。

（2）肾小管分泌型放射性药物。有效肾血浆流量（ERPF）是指单位时间内流经肾脏的血浆流量。ERPF 与某些物质流经肾脏时从血浆中清除到尿液的清除率有密切关系。用放射性核素标记那些既从肾小球滤过又从肾小管分泌且无肾小管吸收的物质可用于 ERPF 的测定。

（3）肾静态显像剂。 ^{99m}Tc-DMSA、 ^{99m}Tc-Glu、 ^{99m}Tc-GH 等与血浆蛋白有很高的结合能力，结合物在肾小球中滤过缓慢，并能被肾小管重新吸收，在肾皮质中浓集，因此可用于肾脏的静态显像。临床上可用来判断肾皮质的功能，诊断肾皮质是否感染，观察肾脏的位置、形态和大小，诊断肾脏是否萎缩或有无占位性病变等疾患。

四、治疗用放射性药物

放射性治疗药物本质上是利用射线（辐射）对生物体的电离和激发，定向破坏病变组织或改变组织代谢来达到治疗病症目的的药物。放射性治疗药物由两部分组成，既可作为杀伤肿瘤细胞的"弹头"发射 α、β 粒子或俄歇电子的放射性核素，也可作为将放射性核素输送到靶组织（肿瘤）的药物输送系统。为最大限度地杀伤癌细胞，尽量少伤害或不伤害正常细胞，要求药物输送系统是亲肿瘤的或肿瘤导向的，即肿瘤摄取率和选择性越高越好。

作为放射性治疗药物，一般要求：纯的 α 或 β 放射性，并且具有较高的能量；半衰期短，可在短期内达到预期治疗效果；易于标记成适用的制剂，且在体内外都很稳定。放射性治疗药物的主要种类如下：①普通化合物制剂，其作用与一般药物类似，区别在于前者利用其辐射特性达到治疗目的；②免疫制剂，利用放射性核素标记的 McAb 与抗原的特异性结合，使放射性药物浓集于病变的靶组织或靶器官上，以达到放射治疗的效果，因此也被称为"生物导弹"；③微球制剂，将含有放射性核素的微粒嵌在相应靶器官的毛细血管内，不进入或者是很少进入非靶器官，局部产生放射性栓塞作用，从而达到放射治疗目的。

经过放射性药物化学家和核医学临床医生的努力，现人们已从合成的数千种放射性标记化合物中筛选出有限的、性能优良的放射性药物用于核医学治疗。

五、放射治疗分析

放射治疗（radiotherapy）简称"放疗"，是利用各种放射线（如 X 线、γ 线、电子束等）治疗恶性肿瘤的一种局部治疗技术。放射治疗的目标是努力提高放射治疗的治疗增益比，即最大限度地将剂量集中到病变区内，杀灭肿瘤细胞而使周围正常组织和器官少受或免受不必要的照射。放射治疗建立在放射物理学、放射生物学、放疗技术学和临床肿瘤学的基础之上。这些能产生放射线的物质或设施包括放射性同位素，X 线机包括浅部、深部 X 线机，加速器等。

放射治疗始于 19 世纪末，已有多年历史，现已成为治疗恶性肿瘤的三大方法（放疗、药疗／化疗、手术）之一。20 世纪 40 年代前，由于放疗设备简陋、性能低下，对放射线作用的机理缺乏认识，放疗效果未能充分显示。20 世纪 50 年代以后，接触 X 线治疗机、浅层 X 线治疗机、深部 X 线治疗机、^{60}Co 远距离治疗机、各类医用电子加速器、后装治疗机的快速发展，超高压治疗机的使用，辅助工具的改进和经验的积累，使得放射治疗的效果得到显著提高，放射治疗几乎可用于所有的癌症治疗。

（一）放射治疗的作用机理

所有细胞（癌细胞和正常细胞）都要生长和分裂，但是癌细胞的生长和分裂比它们周围的正常细胞都要快。放射疗法采用特殊设备产生的高剂量射线照射癌变的组织，杀死或破坏癌细胞，抑制它们的生长、繁殖和扩散。虽然一些正常细胞也会受到一定程度的破坏或损伤，但大多数都能自行修复。射线对肿瘤和照射区正常组织的作用主要通过直接和间接作用对靶物质的分子（主要是生物大分子）造成损伤。

直接作用：射线直接与靶细胞发生作用。靶原子被电离或激发，从而引起一系列变化，主要作用于 DNA，使其单链或双链发生断裂。

间接作用：射线在细胞内与其他原子或分子（特别是水分子）发生相互作用，产生自由基或自由基离子，它们可扩散一定的距离，达到关键的靶部位并造成损伤。染色体 DNA 是杀死细胞的主要靶部位。

放射疗法很少出现外科手术那样的风险，如出血、术后疼痛、心脏病或血栓等。放射治疗本身不会带来任何疼痛，在放射治疗时，射线只会影响治疗区域的正常组织，所以它与化疗不同的是，放疗的副作用只局限于肿瘤周围组织，而不会影响全身。

放射疗法最常见的副作用包括治疗区域出现皮疹、头发脱落、口腔干燥、疲倦、记忆力衰退等。通常情况下，在放射治疗时受损的正常细胞在治疗后会自动修复，因此这些副作用只会在治疗期间出现，放疗结束后不久就会消失，这属于急性放疗反应。然而，有些放射治疗的破坏是长期的，这由不同的正常细胞受射线损伤引起，这些损伤叫作后期放疗反应，不能修复，应该特别引起注意。随着剂量模型、病灶定位系统等的建立，放射治疗所引起的副作用能够得到更有效的控制，近期在放射治疗领域取得的进步有望降低后期副作用的严重性和发生率。

（二）远距离放射治疗分析

远距离放射治疗（teleradiotherapy），即将放射源置于体外一定距离处集中照射机体的某一部位，其用于妇科肿瘤体外照射的传统技术主要有全盆照射、盆腔四野垂直照射、腹主动脉旁延伸野、腹股沟照射野、全腹照射、锁骨上野照射等中心技术。近年来，又兴起了立体定向放射治疗技术、适形放疗等。

用于远距离放疗的仪器主要有 X 射线治疗仪、γ 射线治疗仪（如远距离治疗机）、医用加速器（主要包括医用电子发生器、医用中子发生器、医用质子加速器、医用重离子加速器、医用 π⁻ 介子发生器等）。

目前，对于世界上多数肿瘤病人，采用外照射方法治疗时，应用最广泛的是 γ 射线和 X 射线治疗仪器，而采用带电粒子（质子、重离子及 π⁻ 介子）加速器治疗癌症，因其装置十分昂贵而难以普及。但是，因为带电粒子在物质中的射程有限，能量越高射程越长，在接近射程末端区域的剂量高，特别适合在尽可能彻底杀死癌细胞的同时，保持减少健康组织损伤的放疗基本原则，所以带电粒子发生器的研究和推广应用正在蓬勃发展。

1. X 射线治疗仪

近年来，用 X 线束准确地按照肿瘤靶区形状进行治疗，同时有效保护周围敏感组织的适形放疗技术发展迅速，尤其是通过改变射束剖面强度分布，达到形状适形和剂量适形，即调强适形放疗技术，使放疗在临床中的应用进入一个新天地，使具有不确定边界的肿瘤或有敏感结节的病人的治疗成为可能。这种新的适形放疗机又叫断层放疗机，是由一种类似成像 X-CT 机加上电子直线加速器、空气驱动多叶光阑及复杂的冷却和控制系统组合而成的新型放疗机，将精确 X-CT 成像和适形调强放疗技术紧密地结合，在一个设备上同时实现放疗时的病人定位、送束治疗及治疗时的剂量监督和治疗后的验证。

适形放疗机目前在 X-CT 机放置 X 光管的地方安装电子直线加速器，它的射频功率源为 2.9 MW，由 S 波段磁控管提供。采用多叶光阑技术，可以实现完全的三维适形放疗和避免放疗。适形避免放疗可针对没有肿块的弥漫性肿瘤进行放疗，有效限制敏感组织的最大剂量，在整个设定区域进行全视野均匀照射。三维适形放疗，可按肿瘤的几何形状设计和实施治疗时的剂量分布，并把数据存储作为治疗后分析的依据，再现治疗过程，评价剂量分布和疗效，同时得到治疗前、治疗中和治疗后的 CT 图像。CT 数据与加速器控制同步连锁，确保放疗高精度和安全性。适形断层放疗技术和仪器，代表着精确放疗时代的到来，为放疗领域提供许多新的机会，已经在肿瘤治疗上得到越来越广泛的应用。

2. γ 射线治疗仪

γ 射线治疗仪，如 ^{60}Co 远距离治疗机是利用人工放射性核素在其衰变过程中发射的 γ 射线经准直后，治疗人体深部肿瘤的装置。这种治疗机可产生多束经准直器后变成细束的 γ 射线，从各个方向交叉照射肿瘤细胞，因此也被称为 γ 射线立体定向放射治疗系统（stereotactic radio therapy, SRT），俗称"γ 刀"。该装置主要由辐射头、机架、控制台、治疗床等组成。其中，辐射头包括钴源、储源器、钴源移动机构、准直器等部件。γ 刀一般是在半球形的头盔上排列 201 个微型钴源，可在不同平面上绕轴旋转。储源器用钢作护套、内衬铅钨等作为屏蔽材料。

钴源移动机构有旋转式和直线式两种，可采用气动或电动。准直器用于调节或限定辐射野的大小，对于形状或大小不同的病灶，可选用不同孔径的准直器。为了减小焦斑边缘的模糊区（半影区），常采用带有消半影条的复式准直器，根据治疗计划，关闭某些准直孔。在辐射头中，还装有模拟灯、反射镜、挡块盘、光距尺、楔形过滤器等。机架主要有升降式和等中心回转式两种，多采用悬臂等中心回转机架，有的机架的下回转支臂带有挡束板（有的仅起平衡质量的作用）。控制台上有预先设置和在线显示照射时间及随时中断治疗的装置。^{60}Co 的能量衰减缓慢（每月衰减约为 1.1 %），因此大多仪器采用计时系统来控制每次治疗所给的照射剂量。控制台上均装有两套独立的计时器，以确保计时误差不大于 1 %。仪器还设有手动返源机构，当发生故障时，其可使放射源返回储源器，以确保操作人员不受直接辐射照射。

3. 医用加速器

加速器是利用电磁场把带电粒子加速到较高能量的核设施。加速器利用被加速后不同能量的荷电粒子直接得到电子束、质子束、重离子束或由加速

183

粒子轰击不同材料的靶，产生 X 射线、中子束、γ 射线、π 介子等医用治疗束。加速器的种类很多：按粒子加速轨迹形状可分为直线加速器和回旋加速器；按被加速粒子的不同可分为电子、质子、轻重离子加速器；按被加速后粒子能设的高低可分为低能加速器（能量小于 10^2 MeV）、中能加速器（能量为 $10^2 \sim 10^3$ MeV）、高能加速器（能量为 $10^3 \sim 10^6$ MeV）及超高能加速器（能量大于 10^6 MeV）。

电子加速器主要有三种：①电子感应加速器，即在交变的涡旋电场中将电子加速到极大能量的设备，其优点是技术较简单、成本低、可调范围大，缺点是输出量小、视野小；②电子直线加速器，即利用微波电磁场将电子沿直线轨道加速到较高能量的设备，其优点是输出量大、视野大，缺点是仪器复杂、价格昂贵、维护要求高；③电子回旋加速器，即在交变的超高频电场中使电子在做圆周运动的过程中不断得到加速的设备，其主机可以与治疗机分开，一机多用，其优点是输出量大、束流强度可调节，缺点是价格和运行费用都高。

医用加速器是放疗中常用的治疗束产生设备。加速器的发展很快，其中的医用电子直线加速器是目前世界上使用最多的放射治疗设备。电子直线加速器加速后的电子辐射可直接用于治疗浅表肿瘤；用加速后的电子束轰击重金属靶，产生的 X 射线可用于治疗深部肿瘤。而 X 线束在以病人肿瘤为圆心的弧线上旋转，再加病床旋转或平移，构成 X 线立体定向照射效果的设备，就被称作 X 刀。X 刀可从多个角度照射肿瘤，获得与肿瘤形态近似一致的剂量分布，使 X 线一直对准病灶。设备在完全自动控制调变多叶准直器的同时调度 X 线的照射强度（束流强度调制器自控），以实现断层放疗，这是目前的发展趋势。

电子直线加速器一般由加速管、微波功率源、微波传输系统、电子注入系统、脉冲调制系统、束流系统、恒温水冷却系统、真空系统、电源控制系统、应用系统等组成。

加速管是加速器的核心，主要有行波（traveling wave, TW。行波是按一定方向传播的电磁波。在圆盘膜片中，高频电磁波沿轴线向前传播，行波电场在轴线上有轴向分量，当相位合适，电子就可以不断加速，把电磁能转化为电子的动能）加速管和驻波（standing wave, SW。驻波可以看成无数个沿相反方向传播的行波的组合，电子在驻波场的作用下，沿轴线方向不断加速前进，能量不断增加）加速管两种类型。行波加速管利用行波场束来加速电子，其加速段是在圆形波导中周期性地放置中心开孔的圆盘膜片。驻波加速管加速段是一系列相互耦合的谐振腔链，在谐振腔链中心开孔，让电子通过，在腔中建立交变高频场。

电子由电子枪产生，然后射入加速管，有的加速器把加速管和电子枪结合在一起，形成一个整体。电子枪发射的电子束流要有一定的能量、流强、束流直径和发射角，才能满足医用电子直线加速器对电子束的要求。电子枪有两种：二极电子枪和三极电子枪。医用直线加速器的电子枪是皮尔斯型球面枪，由其阴极发射电子，注入加速管。微波功率源主要有磁控管、速调管两种。

（1）磁控管，即微波自激振荡器，其体积小，工作电压为 10 kV，输出功率在 5 MW 以下，适合于中低能加速器。

（2）速调管，即微波功率放大器，其体积大、工作电压为 102 kV 左右，输出功率大于 5 MW，适合于中高能直线加速器。

微波传输系统主要用于将微波功率源产生的微波功率馈入加速管，并让微波功率单向传输，防止反射功率进入功率源。高压脉冲调制器是为微波功率源提供大功率的脉冲高压的装置，由高压直流电源、脉冲形成网络、自动电压控制电路、开关电路、脉冲变压器等部分组成。应用系统包括治疗头和治疗床。其中，治疗头中的辐射部分对放射线起准直、均整、调节、限束等作用，由准直器、上下光阑、楔形过滤器、X 线靶挡块、引出窗、限束筒等组成，系统中一般还装有模拟灯、反射镜、光距尺等，在辐射头上还装有前后指针、挡块等附件，治疗床可以前后左右上下运动，还可以旋转运动。冷却系统用以稳定加速管、微波功率源、X 线靶等器件的温度，使其恒定在一定范围内，由水箱、水泵、制冷压缩机、加热器等部件组成。

（三）近距离治疗分析

相对于远距离治疗（如采用 ^{60}Co 治疗机、电子直线加速器等）而言，近距离治疗（brachytherapy）是一种在病变或其附近组织放置辐射源进行治疗的一类技术的总称。

电离辐射作用于人体后通常会发生一系列生物物理和生物化学效应，出现病理生理、生物化学和组织形态结构的改变。作用方式分为直接作用和间接作用。敷贴器上的放射性核素发射 β 射线，作用于病变组织后发生的生物学效应以直接作用为主，也有间接作用。

形态和功能上的改变大体上有两个方面：形态上的改变和功能上的改变。

形态上的改变包括细胞核的改变、细胞质的改变和细胞膜的改变。细胞核的改变表现为细胞核出现染色质的集聚、缩小、凝固、染色体断裂，核内出现空泡、核碎裂及核溶解等变化；细胞质的改变表现为细胞质受射线作用后，胶质黏度发生改变，细胞质内有空泡形成，线粒体破碎使细胞代谢受到影响，溶酶体遭破坏释放出许多特异性酶，加速细胞死亡；细胞膜的改变表现为构成细胞膜的类脂质分子分解，细胞膜消失后变成合体细胞。

功能上的改变包括以下方面：①细胞活力迟钝，甚至停止活动，即死亡，在有丝分裂期内细胞的死亡称为间期死亡，即使不死亡，细胞也失去了再分裂增殖的能力，有的细胞经过再分裂增殖后才失去增殖力而死亡，称为增殖性死亡；②细胞生长出现部分抑制或完全抑制，生长过程发生紊乱；③细胞功能改变的主要原因是酶系统的活性被抑制，细胞代谢严重紊乱；④细胞繁殖能力显著降低，甚至完全失去繁殖能力，即细胞绝育；⑤细胞内外环境的平衡被打破，由通透性适中变为通透性减弱，代谢发生显著混乱；⑥细胞的特殊功能，如分泌功能减弱或完全丧失。

以上这些形态和功能上的变化结果使器官的整体功能失调。

近距离治疗最突出的特点是近源处剂量很高，然后剂量陡然下降。利用此特点将放射源贴近病灶组织或植入病灶内，其作用过程是：放射线"由内向外"对病灶造成大剂量的照射，而在正常组织处剂量陡降，从而能很好地保护正常组织。

六、核技术应用于医学的发展展望

核医疗器械和装置在发达国家中不断完善和更新，在发展中国家逐渐普及。PET、SPECT 和 PET/CT、SPECT/CT 等先进医学影像仪器的不断更新和扩大应用，以及新型放射性诊断和治疗药物的不断开发，为核医学的发展提供了强劲的动力。

核医学影像主要提供的是功能和代谢方面的信息，对于解剖形态的显示远不如 CT。因此，将核医学影像与 CT 影像进行融合，出现了 SPECT/CT、PET/CT，这使核医学影像进入了一个崭新的时代。PET/CT 显示了融合图像的强大优势，也预示了医学影像的发展方向。MRI 与 CT 相比具有更好的软组织对比度及亚毫米的空间分辨率，对于脑、肝脏、乳腺、子宫等软组织病变的检出明显优于 CT；MRI 在提供高解剖分辨的基础上，还能提供一些功能信息。因此，PET/MRI 可能为临床提供更丰富的解剖及功能代谢等复合诊断信息。目前，雪崩光电二极管（avalanche photodiode, APD）技术已经被研发和应用于人脑检查的 PET/MRI 和小动物 PET/MRI 一体机样机。

小型化是核医学显像设备发展的又一方向。小动物核医学显像设备是基于核医学临床诊断技术发展起来的专门用于小动物的断层显像设备，主要包括小动物 PET（micro-PET）、小动物 SPECT（micro-SPECT）和小动物 CT（micro-CT）。micro-PET 和 micro-SPECT 主要提供功能代谢和生物分布等信息，解剖结构及毗邻关系显示不如 CT 清晰。micro-CT 则主要提供解剖信息，空间分辨率非常高，解剖结构、定位及毗邻关系信息非常准确。随着各项技术的日益发展和成熟，小动物影像设备从单功能显像设备逐渐发展为双功能（micro-PET/CT、micro-SPECT/CT）显像设备及三功能（micro-SPECT/PET/CT）显像设备等多功能成像平台。小动物显像设备比临床应用的设备具有更高的灵敏度和空间分辨率：可显示小白鼠的组织器官结构；可对小动物进行活体、定量检查，获得体内的动态信息；实验结果可直接类推至临床。同时，小动物显像仪器突破了传统的在不同时间点处死实验动物进行测定的实验方法，无须牺牲大量实验动物，缩短了实验周期，为生物医学研究提供了新的方法。

核医学显像逐渐转变为多种显像技术优势互补的融合，可显著提高核医学的诊治水平。围绕脑、心肌和肿瘤三大疾患研究和开发 SPECT 放射性药物，继续以 ^{99m}Tc 为重点开展，通过改变配合物价态和配体基团的特性，调节该类放射性药物在体内不同器官的分布状况，甚至利用标记 McAb 的特异反应，将放射性核素导向病灶部位，显著提高诊断效果。脑显像剂的研究以神经性和精神性疾病有关的受体为主，如多巴胺受体显像剂、5-HT 受体显像剂、阿片受体显像剂及阿尔茨海默病斑块显像剂等。心肌显像剂的研究则主要着力于肿瘤及缺血组织诊断的乏氧类显像剂、动脉粥样斑块显像剂和血栓受体显像剂等。肿瘤显像剂的研究则深入放射性核素标记的小分子肽类、α 受体肿瘤受体显像、肿瘤多药抗药性显像及调控阻断研究等方面。与此同时，炎症和感染受体显像剂的研究也开始崭露头角。

目前，疾病的定义已经被详细分为基因异常、基因表达、代谢改变、功能失调、结构代偿、病症体征 6 个层次。对其诊断越早，治疗就越容易，而在基因层面的诊断，只有利用核医学的手段才能予以准确判断定位，提高其治疗水平。核医学与现代分子生物学相结合创建了分子核医学的新分支。就显像技术而言，分子核医学已不再局限于受体显像，而扩展为反义显像、基因表达显像、肽类显像等，在受体、基因、抗原、抗体、酶、神经传导物质和各种生物活性物质的研究中，核医学是不可替代的方法之一，尤其是心脏核医学和神经传导核医学，在未来会更加受到核医学界的重视。同时，核医学显像技术从分子水平进入亚分子水平，将使许多亚临床状态的疾病和隐匿的遗传性疾病得以明确诊断，预示分子核医学有着广阔的发展前景。

基因是指存在于细胞内有自体繁殖能力的，储存有特定遗传信息的功能单位，是具有特定的核苷酸及其排列顺序的核酸（主要是 DNA）片段。肿瘤基因显像主要包含两方面的内容。

第一，反义显像，即利用核酸碱基互补原理，用放射性核素标记人工合成或生物体合成的特定反义寡核苷酸，与肿瘤的 mRNA 癌基因相结合显示其过度表达的靶组织。二者结合后可抑制、封闭或裂解靶基因，使其不能表达，从而达到治疗肿瘤或病毒性疾病的目的。反义和内照射治疗的双重目的称反义治疗。反义显像要求寡核苷酸易于合成，标记品体内稳定性好，有较强的细胞通透性，能与靶细胞特异结合和不发生非序列特异反应等。目前，小鼠乳腺癌基因的反义显像的实验研究取得了成功。与放射免疫显像相比，反义显像有众多优点，如核苷酸不引起免疫反应，反义寡核苷酸探针分子量小、易进入癌变组织等。但寡核苷酸的修饰、标记、稳定性及仅有少数的癌基因参与肿瘤的发生过程等，都使其与临床应用有一定距离，有待继续深入研究。

第二，基因表达显像，即将功能基因转移至异常细胞而赋予新的功能，再以核素标记来显示其基因表达。广义而言，反义显像也属于基因表达显像，在此基础上，还可发展为基因表达治疗。

肽类显像，又称调节肽受体显像，近年来发展迅速。肽类分子量小而穿透力强，经受体作用于靶器官，调控几乎所有脏器的代谢功能。临床应用的肽类显像有 ^{99m}Tc-P829 诊断黑色素瘤和肺癌、^{111}In-DTPA-Phe1-Octreotide 诊断神经内分泌肿瘤、^{111}I- 血管活性肠肽诊断上皮细胞瘤、^{131}I-CCK-8- 胃泌素诊断未分化甲状腺癌和神经紧张素诊断胰腺癌等。

多药耐药功能表达显像基于多药耐受现象而提出。肿瘤细胞在体内或体外对许多功能、结构各异的细胞毒性化合物表现耐受的现象称多药耐受现象，这是由 P 糖蛋白（P-glycoprotein, P-gP）过度表达引发的。P-gP 过度表达的肿瘤细胞将化疗药物排出细胞外，从而导致化疗失败。P-gP 调节剂可使 P-gP 变构而改变 P-gP 识别区的亲和性，从而逆转其耐药作用。^{99m}Tc-MIBI 是亲脂性阳离子，是 P-gP 的转运底物，其摄取量与 P-gP 表达水平成反比，因此根据其洗脱率可定量评价 P-gP 表达。MIBI 功能显像可反映 P-gP 的水平，预示化疗效果，评价调节剂的作用。

淋巴结显像和放射引导手术探测对于黑色素瘤和乳腺癌的诊治有积极作用。通常，淋巴转移比血行转移早，黑色素瘤的转移常局限于第一级引导的淋巴结，即前哨淋巴结。同样，乳腺癌时任何癌细胞脱离原发灶后都转移到腋下的前哨淋巴结。以大颗粒放射硫化锝胶体（200 ～ 1 000 nm）注射在乳腺四周，手术前进行淋巴结闪烁显像（LS）或手术时用脉冲多普勒探测（PD）

可很容易发现前哨淋巴结转移，后者更为简便，只需 2 ～ 3 个切口就能把转移的前哨淋巴结切除，避免了以往盲目解剖的扩大根治方法。

目前，分子核医学在肿瘤临床中的应用虽然不够成熟，却是一个重要方向。肽类显像已得到重视和发展，基因显像需要更加深入的研究，特别是基因显像随着临床基因治疗的渐趋成熟，可用于观察其转基因表达以监测其效果和成功率。应用正电子核素标记药物、PET 显像、介入基因显像的研究将发挥更大作用。

近年来，精确放射治疗技术迅猛发展，各种立体定向放射外科技术（X 刀、γ 刀、三维适形放射治疗、3D-CRT、调强适形放射治疗等）正逐步取代既往的传统放射治疗技术。能够解决放射治疗过程中器官运动、解剖和肿瘤体积变化问题的四维适形放射治疗技术（如呼吸门控）也正在发展。同时，中子和质子治疗已经在世界上少数国家开展，目前我国已经有了质子加速器，并用于治疗。生物适形放射治疗技术也在摸索中发展。核医学技术过去、现在和将来都将在肿瘤防治和研究中发挥重要作用，使其相关领域的研究和发展不断进入一个又一个崭新的时期。[①]

第二节　核技术工程在农业领域中的应用

核技术和农业科学技术的相互渗透和结合，早在 20 世纪 40 年代就已开始。20 世纪 70 年代，国外提出了"放射农学"（radioagronomie）和"核农学科学"（nuclear agricultural sciences）的概念。20 世纪 80 年代初，我国科技工作者开始将这门学科称为"核农学"（nuclear agriculture），它主要研究核素和核辐射及相关核技术在农业科学和农业生产中的应用及其作用机理，可分为核辐射技术及其在农业中的应用和核素示踪技术及其在农业中的应用两大部分。

核技术是增加农业产量、提高农产品品质的有效手段，可为农业提供优质良种、控制病虫害、评估肥效、控制农药残余、保持营养品质、延长储存

①罗顺忠. 核技术应用 [M]. 哈尔滨：哈尔滨工程大学出版社，2015：206-241.

时间、鉴定粮食品质等。核农学是核技术在农业领域的应用所形成的一门交叉学科，主要涉及辐射诱导育种，昆虫辐射不育，肥料、农药、水等的示踪，辐射保鲜，农用核仪器仪表等内容。中国作为人口大国，解决温饱问题、提高粮食品质、保障人民营养是农业科技工作的核心，核农学为解决上述核心问题提供了有力的科学支撑。无论是新品种的培育，还是土肥管理或农产品保鲜等，都离不开核技术。

辐射育种是核农学的重要组成部分，我国在这一应用方面居世界领先地位。辐射育种的发展趋势应是扩大应用领域，加强定向诱发突变，提高诱变率和辐射育种基础理论研究。

辐照保藏技术具有节约能源，卫生安全，保持食品原来的色、香、味和改善品质等特点，应用越来越广泛，技术也日趋成熟。昆虫辐射不育技术是现代生物防治虫害的一项新技术，是目前可以灭绝某一虫种的有效手段。同位素示踪技术能够比较真实地反映某一元素（或化合物）在生物体内的代谢过程或农业环境的物理、化学行为，它所具有的优点是目前其他方法不能替代的。该技术在农业上的应用，解决了农业生产中的土壤、肥料、植物保护、动植物营养代谢等领域技术的关键问题。它对于揭示农牧渔业生产规律，改进传统栽培养殖技术具有重要作用。近年来发展起来的射线检测技术，方法简单、检测迅速，特别是可以在不破坏待测样品的状况下进行连续监测，在农业应用中有着特别重要的意义。

一、辐射育种技术的应用

生物的种类、形态、性状，均受其自身的遗传信息控制。辐射育种（radiation breeding）利用射线处理动植物及微生物，使生物体的主要遗传物质——脱氧核糖核酸产生基因突变或染色体畸变，从而使生物体有关性状变异，然后通过人工选择和培育使有利的变异遗传下去，使作物（或其他生物）品种得到改良并培育出新品种。这种利用射线诱发生物遗传性改变，经人工选择培育新的优良品种的技术就称为辐射育种。

（一）辐射育种的基本原理

辐射育种人工创造新的变异类型，具有打破性状连锁、实现基因重组、突变频率高、突变类型多、变异性状稳定快、方法简便且缩短育种年限等特点。辐射诱变育种在不断创造新品种的同时，在诱变效应与机理研究上也取得了较大进展，探索了辐射作用下遗传物质的变异及有利突变品种的培育规律，从而指导诱变育种的实践，试图解决人类面临的粮食危机，并提高营养水平。

一般而言，在电离辐射过程中，每个电离事件的能量平均损失为 33 eV，这样的能量足以破坏很强的化学键。因此，生物体受到电离辐射后，可以使很多生物活性物质受到损害，其中生物大分子损伤是大多数辐射生物效应的物质基础。电离辐射损伤生物大分子主要有两个途径：一是直接作用，入射粒子或射线直接与生物大分子（如 DNA、RNA 等）作用，使这些大分子发生电离或激发；二是间接作用，入射粒子或射线与生物体中的水分子作用，使水分子发生电离或激发。事实上，在任何情况下，直接作用和间接作用都是同时存在的，它们的相对贡献取决于诸多因素：辐射的性质，靶的大小、状态，组织含水量，照射时的温度，氧的存在与否，以及辐射防护剂或增敏剂的存在与否等。

1. DNA 分子结构变化

脱氧核糖核酸是生物体中一类最基本的大分子，是遗传信息的载体，指导着蛋白质和酶的生物合成，主宰着细胞的各种功能。DNA 的基本结构是动态的，而且是持续变化的，因此错误的发生是很自然的，尤其是在 DNA 复制和再结合期间，外界环境和生物体内部的因素都经常会导致 DNA 分子的损伤或改变。DNA 的变化是一切育种的物质基础。辐射诱发突变的遗传效应指辐射能使生物体内各种分子发生电离和激发，导致 DNA 分子结构的变化，造成基因突变和染色体畸变，从而引起遗传因子发生改变并以新的遗传因子传给后代。

（1）电离辐射引起 DNA 损伤的类型。电离辐射可导致生物 DNA 发生各种损伤。电离辐射可以直接在碱基上击出一个质子，从而使碱基电离，氢原子和自由基相互作用，可以发生加成反应和去氢反应，因为质子转移，碱基对之间的氨基-酮型氢键转变为亚氨基-烯醇型，导致碱基的结构受到损伤，最终可导致 DNA 高级结构（DNA 超螺旋结构）状态的改变，引发 DNA 的复制、表达等一系列改变。DNA 损伤的类型主要包括碱基变化、链断裂和交联等。

①碱基变化（base change）有下列四种：碱基环破坏；碱基脱落丢失；碱基替代，即嘌呤碱被另一嘌呤碱替代，或嘌呤碱被嘧啶碱替代；形成嘧啶二聚体。

② DNA 链断裂（DNA strand break）是辐射损伤的主要形式。磷酸二酯键断裂、脱氧核糖分子破坏、碱基破坏或脱落等都可以引起核苷酸链断裂。双链中一条链断裂称单链断裂（single-strand break, SSB），两条链在同一处或相邻处断裂称双链断裂（double-strand break, DSB）。双链断裂常并发氢键断裂。虽然单链断裂发生频率为双链断裂的 10 ～ 20 倍，但还比较容易修复；对于大多数单倍体细胞（如细菌），一次双链断裂就是致死事件。

③ DNA 交联（DNA crosslink）DNA 分子受损伤后，在碱基之间或碱基与蛋白质之间形成共价键，从而发生 DNA-DNA 交联和 DNA- 蛋白质交联。这些交联是细胞受电离辐射后在显微镜下看到的染色体畸变的分子基础，会影响细胞的功能和 DNA 复制。以上损伤会最终导致 DNA 分子结构的变化，造成 DNA 分子水平上的基因突变和染色体畸变，是整体遗传突变的基础。

（2）基因突变（gene mutation）。由 DNA 分子中发生碱基对的增添、缺失或改变，而引起的基因结构的变化就叫作基因突变。基因突变主要包括以下类型。

①点突变（point mutation）指 DNA 上单一碱基的变异。根据 Watson-Crick 链间距离和碱基化学结构的特点，在正常情况下，A 与 T 互补配对，G 与 C 互补配对，这奠定了遗传性状相对稳定的基础。核辐射影响下，如果碱基的结构发生变化，则可能产生不正常的配对关系，只要这种不正常的配对不被修复，分子水平的突变就会产生。这种不正常的配对通常分为转换和颠换两种方式。嘌呤替代嘌呤（如 A 与 G 之间的相互替代）、嘧啶替代嘧

啶（如 C 与 T 之间的替代）称为转换（transition）；嘌呤变嘧啶或嘧啶变嘌呤则称为颠换（transversion）。

②缺失（deletion）指 DNA 链上一个或一段核苷酸的消失。

③插入（insertion）指一个或一段核苷酸插入 DNA 链中。在为蛋白质编码的序列中，如缺失及插入的核苷酸数不是 3 的整倍数，则发生读框移动（reading frame shift），使其后所译读的氨基酸序列全部混乱，称为移码突变（frameshift mutation）。基因突变通常可引起一定的表型变化，对生物可能产生四种后果：致死；丧失某些功能；改变基因型（genotype）而不改变表现型（phenotype）；产生了有利于物种生存的结果，使生物进化，这正是诱变育种的基础。

2. 染色体畸变

染色体畸变指染色体数目的增减或结构的改变，包括整个染色体组的增减、成对染色体数目的增减、单个染色体某个节段的增减，以及染色体个别节段位置的改变。和基因突变一样，染色体结构的变异也是生物遗传变异的重要来源之一。与基因突变相比，染色体结构变异通常要涉及较大的区段，甚至达到光学显微镜可以识别的程度。

染色体结构变异会涉及染色质线的断裂和重接过程，即"断裂 - 重接"假说。染色线在复制前后都可以以某种方式造成断裂，通过修复机制，重新接上（包括错接），特别是当几个不同断裂同时发生，在空间上又非常接近时，重排是不难发生的（重建性愈合和非重建性愈合）。现在已经知道，未复制的染色体或染色单体只含有一条 DNA 双螺旋分子，染色体的断裂实际上也是 DNA 链的断裂，所以推测染色体断裂以后的重接，可能正是由 DNA 断裂端以单链形式伸出的黏性末端来完成的。染色体畸变分为数目畸变和结构畸变。

（1）染色体数目畸变。人们把一个正常精子或卵子的全部染色体称为一个染色体组（简写为 n），也称单倍体。正常人体细胞染色体，一半来自父亲，另一半来自母亲，共 46 条，即 23 对，即含有两个染色体组为 $2n$，故称为二倍体。以二倍体为标准所出现的成倍性增减或某一对染色体数目的改变统称为染色体畸变。前一类变化产生多倍体，后一类称为非整体畸变。如果一个细胞中的染色体数为单倍体的 3 倍，则称为三倍体（人类：$3n=69$ 条）；如为单倍体的 4 倍，则称为四倍体（人类：$4n=92$ 条）。以此类推，三倍体以上的统称为多倍体，人类多倍体较为罕见，偶可见于自发流产胎儿及部分葡萄胎。一个细胞中的染色体数和正常二倍体的染色体数相比，出现了不规则的增多或减少，叫作非整倍体畸变，增多的叫多体。仅增加一个的，即 $2n+1$，叫作三体。同一号染色体数增加两个的，即 $2n+2$，叫作四体。以此类推，减少一个的（$2n-1$）叫作单体。

（2）染色体结构畸变。染色体结构畸变是指染色体发生断裂，并以异常的组合方式重新连接，其畸变类型有以下几种。

①缺失（deficiency 或 deletion）：染色体上某一区段及其带有的基因一起丢失，从而引起变异的现象。缺失发生在染色体的中间或两端。缺失在遗传学上的效应表现：一是生物的活力降低，影响生长发育；二是假显性，在杂合体中，由于受到缺失的影响，某些隐性基因得以显现，但是这种显性是假显性；三是改变基因间的连锁强度，辐射所形成的缺失染色体，在遗传过程中形成缺失纯合体，缺失导致染色体链缩短，使较远的基因连锁强度增强，交换率下降；四是可能发生严重的遗传病，导致作物的生存能力和产量下降。

②重复（duplication）：染色体上增加了相同的某个区段而引起变异的现象。根据重复片段的排列顺序及所处的位置，可以分为三种类型，即串联重复、倒位串联重复和移位重复。主要表现为顺接重复和反接重复两种。

③倒位（inversion）：某一条染色体发生两处断裂，形成 3 个节段，其中间节段旋转 180° 变位重接，包括臂间倒位和臂内倒位。臂间倒位（pericentric inversion）：倒位区间有着丝粒或倒位区间与两个臂有关。臂内倒位（paracentric inversion）：倒位的区段在染色体的某一个臂内。倒位所导致的遗传学效应又可抑制或降低倒位环内基因的重组或交换、改变基因的交换率或重组值、影响基因间的调控方式等。

④易位（translocation）：从某一条染色体上断裂下的节段连接到另一染色体上。两条染色体各发生一处断裂，并交换其无着丝粒节段，分别形成新

的衍生染色体和相互易位。在相互易位中：如有染色体片段丢失，称为不平衡易位；若无染色体片段的丢失，表型正常，则称染色体平衡易位携带者。易位一般分为两种：一是相互易位（reciprocal translocation）；二是简单易位（simple translocation）。相互易位在易位中最常见，指两个非同源染色体受到射线作用后都发生断裂，断裂后的染色体及碎片发生交换重新结合起来；简单易位也称末端易位，即染色体的某一区段嵌入非同源染色体的末端。

易位同样会产生遗传学效应，包括半不育、降低易位结合点附近某些基因间的重组率、出现假连锁现象，以及染色体融合等。易位产生交叉式分离与邻近式分离的概率相等，交叉式分离能正常繁育，而邻近式分离不育；易位导致易位点附近的染色体片段联会时不紧密，进而导致交换的概率降低，重组率下降。

染色体畸变是植物辐射损伤的典型表现特征，在辐射处理材料的有丝分裂和减数分裂细胞中都观察到了染色体畸变（畸变类型、畸变行为及其遗传效应），金鱼草、月见草属（月见草、待宵草、美丽月见草）等经辐射诱发了单倍体的产生、染色体断裂、结构重排。此外，对鸭跖草的辐射引起了其染色体行为变异，如出现染色体桥、染色体落后等。

3. 细胞对辐射损伤的修复

体系的修复是突变过程中重要而具有决定意义的过程，研究生物的修复作用对辐射育种具有重大意义。电离辐射作用于 DNA，造成其结构与功能的破坏，从而引起生物突变，甚至导致死亡。然而，在一定条件下，生物机体能使其 DNA 的损伤得到修复。这种修复是生物在长期进化过程中获得的一种保护功能。DNA 修复是细胞对 DNA 受损伤后的一种反应，这种反应可能使 DNA 结构恢复原样，重新执行它原来的功能，但有时并不能完全消除 DNA 的损伤，只是使细胞能够耐受 DNA 的损伤而能继续生存。也许这未能完全修复而存留下来的损伤会在适合的条件下显示出来（如细胞的癌变等），但如果细胞不具备这种修复功能，就无法对付经常发生的 DNA 损伤事件，就不能生存。目前已经知道，细胞对 DNA 损伤的修复系统有以下五种：错配修复（mismatch repair）、直接修复（direct repair）、切除修复

（excision repair）、重组修复（recombination repair）和易错修复（error-prone repair）。

（二）辐射育种技术的发展历程

1927 年，美国的赫尔曼·约瑟夫·穆勒（Hermann Joseph Muller，以下简称"穆勒"）发现 X 射线能诱发果蝇产生大量多种类型的突变。20 世纪 40 年代初，德国利用诱变剂在植物上获得了有益突变体。20 世纪 60 年代以前的辐射诱变研究进展并不快，但仍在不断实践中。至 20 世纪 60 年代末，联合国粮食及农业组织（Food and Agriculture Organization of the United Nations, FAO）和国际原子能机构（International Atomic Energy Agency, IAEA）联合举办了植物诱变育种培训班，并出版了《突变育种手册》，由此完成了植物辐射诱变育种从初期基础研究向实际应用的转折。20 世纪 70 年代，诱变育种的注意力逐渐转至抗病育种、品质育种和突变体的杂交利用上。20 世纪 80 年代后，分子遗传学和分子生物学的广泛应用为诱变育种注入了新的活力，特别是 20 世纪 90 年代分子标记方法的运用，使实际品种的定向诱变成为可能。

辐射技术在农业育种上的应用，已经产生了巨大的社会效益和经济效益。它在 20 世纪经历了一个突飞猛进的发展过程。中国的辐射育种起步于 1958 年，起步较晚但成绩较为优异，育成的品种数与推广面积均居世界领先地位。中国自 20 世纪 50 年代后半叶开始，已先后育成水稻、小麦、大豆等各种作物品种、品系 20 多个，其中：用射线照射"南大 2419"，育成良种"鄂麦 6 号"；用射线照射"科字 6 号"，获得优良稻种"原丰早"，使成熟期提早 45 天。20 世纪 80 年代以来，定向控制突变成为辐射育种工作的中心课题。20 世纪 90 年代，辐射育种进入了一个更加快速的发展阶段。

（三）辐射育种技术的应用及展望

美国人穆勒不仅是人工诱变的创始人，也是第一位成功的诱变育种家。其实，他培育的 CIB 果蝇品系就是一个非常有用的果蝇新品种。20 世纪 30 年代，瑞典的古斯塔夫松（Gustafson）、尼布姆（Nybmn）和哈格贝里

（Hagbery）等就开始致力诱变育种工作，并取得了较大成就。到 20 世纪 50 年代，瑞典已成为世界放射诱变育种研究的中心。20 世纪 70 年代，诱变育种工作已呈燎原之势，经诱变而得到的新品种数不胜数。我国在 20 世纪 60 年代初开始诱变育种工作，20 世纪 80 年代后，诱变育种工作与我国其他行业一样进入了鼎盛时期。

诱变育种的成果主要体现在作物育种和微生物育种两方面。

作物育种的目标是早熟、抗病、高产、优质。这些目标并不是一下子就能达到的，特别是与某些品质有一定的相关性，如早熟的难以高产，高产的不早熟，这就必须一步步进行。可以用具有某种优良品质的品种作为基础，通过诱变，从中选出保持（甚至超过）该优秀品质并出现新的优良品质的突变体。例如，浙江培育的早熟水稻"原丰早"，就是以"科字 6 号"为基础，经诱变选择而育成的。"原丰早"穗大粒多，耐肥抗倒，保留了"科字 6 号"的丰产品质，但比后者早熟 45 天，因此产量比成熟期相同的其他品种高一成以上。"原丰早"还有适应性广、早晚季均可种植、二熟制或三熟制都能适应的优点。这类例子数不胜数，如湖北育成的"鄂麦 6 号"、山东育成的"鲁棉 1 号"、黑龙江育成的"黑农 16 号"大豆、广东育成的"狮选 64 号"花生等，都是应用辐射诱变技术培育成功的作物。

微生物育种的目标在于获得高产菌株。许多生化药物如核苷酸、酶制剂、氨基酸、抗生素等，常常用微生物发酵法来进行工业化生产。因为许多生化成分在生物组织中的含量较低、提取较为困难，所以这类药物价格极其昂贵。如果某种微生物代谢途径改变，能累积这类成分，那么可利用这种微生物来工业化生产药物。

工业化生产的最大优点是能大幅度降低药物的生产成本，而诱变育种可以逐渐提高药物产量，从而进一步降低成本。在我国许多生化制药厂的抗生素生产车间里，都有着一批专门从事菌种培育的技术人员，正是他们的辛勤劳动，才使得抗生素生产效率提高。通过诱变育种，药物产量逐渐提高成千上万倍的例子屡见不鲜。辐射诱发突变的遗传效应指辐射能使生物体内各种分子发生电离和激发，导致 DNA 分子结构变化，造成基因突变和染色体畸变。电离辐射的作用扰乱了生物有机体的正常代谢，使生物体生长发育受到严重抑制，从而引起遗传因子发生改变，并以新的遗传因子传给后代。

辐射处理的方法有外照射和内照射两种。外照射处理是将种子或植株送进辐照室进行照射，或者种植在钴圃内全生育期做较长时间的慢性照射；内照射处理是将放射性元素如 ^{32}P、^{35}S 等，通过浸种、注入等途径，导入被照射种子或植株某器官内部。为提高辐射诱变效果，常采用以下方法：利用多种诱变因素复合处理；利用杂交后代作为辐射材料，获得有利变异体再与常规材料进行杂交；将辐射突变与离体培养技术相结合，利用活体照射等改良品种或创造新的突变类型。

1. 辐射诱变方法与技术的应用

目前，国内外在辐射育种的研究与实践中，以提高诱发突变频率和选择效率为中心，不断改进辐射育种的方法技术，如诱变因素、诱变对象、诱变条件和筛选方法，并取得明显进展。

照射材料的选择是辐射育种的重要环节之一。原始材料的遗传背景对突变性状的表现和诱变效率有重要作用。早期的辐射诱变一般以种子为处理对象，近年来几乎所有植物器官和繁殖体都有用于诱变的，如休眠种子、萌芽种子、杂合种子、种胚、花粉、多倍体、不定芽、根芽、枝条、球茎、愈伤组织等。而对于常以无性繁殖技术培育的花卉而言，因辐射诱变多诱发植物产生体细胞变异，再经无性繁殖将变异遗传给后代，形成无性繁殖系，故而花卉辐射诱变应用前景十分广阔。

辐射诱变育种的关键是采取适当的辐射剂量，即达到有较多的变异，又不致过大地损伤植株。长期实践认为，一般剂量的选择通常采用半致死剂量或临界剂量。

诱变育种的局限性在于如何以有效的手段鉴定和选择优良突变体。20世纪70年代以前，只是用常规的农艺性状判断；20世纪七八十年代以来，则采用染色体压片观察其细胞水平上的变异及亚分子水平上的同工酶检测；20世纪90年代以来，分子标记技术不断发展，并在农作物上利用分子标记，对一些突变体进行分析，区别真伪突变体，利用与分子标记连续的关系对突变基因加以挂标。

2. 辐射育种技术的展望

尽管辐射诱变在选育品种方面取得了一些进展，但有利性状的突变率还不够高，突变谱还不够广，突变没有方向性。拓宽突变谱、提高突变率、定向诱变及缩短育种周期，是今后辐射诱变育种的发展方向，在适应世界种子业抗性育种（抗病、抗寒、耐低光照、抗热等）和质量育种（包括植物色、植物形态和气味、控制植株高度等）的前提下应注意以下方面。

（1）选择适当的诱变源和开发新的诱变源。不同诱变源对不同植物育种目标各有适宜，而从 X 射线到 γ 射线的应用，突变率提高，诱变源是保证植物育种的有效物质基础。目前，处理诱变材料的辐射一般都是单独使用一种诱变源，今后应利用空间搭载技术，进行多种辐射源的综合诱变技术研究。

（2）诱变材料的选择。由于农作物材料不同组织、器官，以及不同发育阶段的辐射敏感性差异甚大，合适的材料选择有益于突变率的提高和突变谱的拓宽，如结合现代组培技术的发展，利用组织培养的愈伤或其他材料作为诱变材料。

定向诱变是人类育种的美好愿望和目标。以诱变提供的突变体为基础，运用分子标记，筛选与目标基因连锁的分子标记。构建遗传图谱，进行目标基因定位和性状连锁分析，开展定向培育新品种；反之控制各种诱变因素，分析已知基因的变化，诱变处理材料，使育种目标趋于有利，并提高目标变异性状在总变异中的相对频率。

组织培养又称快速繁殖，组织培养技术与辐射育种的结合，为显现体细胞突变开辟了广阔前景，克服了辐射诱发突变的随机性、嵌合性和单细胞突变缺陷，育种效率高、周期短。组织培养与诱变结合的复合育种技术已在我国被提出并加以应用，但此方法缺乏定向性，如能与分子标记相结合，则可在育种效率高、周期短、突变率高的基础上增加定向性。

（四）辐射育种的复合诱变技术

某一菌株在长期使用诱变剂之后，除产生诱变剂"疲劳效应"外，还会引起菌种生长周期延长、孢子量减少、代谢减慢等不利后果，这对发酵工艺的控制不利，在实际生产中多采用几种诱变剂复合处理、交叉使用的方法进行菌株诱变。

复合诱变包括两种或多种诱变剂的先后使用、同一种诱变剂的重复作用和两种或多种诱变剂的同时使用。普遍认为，复合诱变具有协同效应。两种或两种以上诱变剂合理搭配使用的复合诱变较单一诱变效果好。诱变的目的是得到新的突变。在 20 世纪三四十年代，遗传学研究内容的丰富与新突变的发现息息相关。现在，遗传学研究的内容和手段与过去相比早已全然不同，但获得新突变并从中选出对人类有利的突变型仍然是热点之一。现在已有许多新手段可用来培育新品种，如应用分子生物学技术培育转基因动植物等，但诱变育种仍不失为简便易行的常用手段。

二、辐射保藏技术的应用

辐射保藏（radiation preservation）食品是用电离辐射照射的方法延长食品保藏时间，提高食品质量的新技术。它的基本原理是利用射线或加速器产生的粒子束流照射食品，引起一系列物理、化学或生物化学反应，达到杀虫、灭菌、抑制发芽、抑制成熟等目的，从而减少食品在储存和运输中的耗损，增加供应量，延长货架期，提高食品的卫生品质等。

辐射保藏是一种"冷加工"，不需要加入添加剂，能保持食品原有的风味，有的还可提高食品的工艺质量；辐照食品中没有药剂残留，也不污染环境，更不会感生放射性；γ 辐射穿透能力强，可对预先包装好或烹调好的食品进行均匀、彻底的处理，操作方便，节省时间；辐照能彻底杀虫、灭菌，可作为一种有效的检疫措施；辐照加工耗能量少，处理过程中多数不需要冷藏，是一种理想的节约能源的方法；辐射操作容易控制，适于进行大规模、连续加工。

（一）辐照的条件

辐射源和辐射装置是开展辐射保鲜的基本条件。用于保鲜或保藏的辐射源有三种：^{60}Co 和 ^{137}Cs 的 γ 射线、电子直线加速器产生的 β 射线、X 射线管产生的 X- 射线。

实验室试验阶段有两种装置可以使用，即 ^{60}Co 或 ^{137}Cs 的辐射装置和电子加速器，对于体积小、包装薄的物品，采用直线电子加速器比较易于管理。

为了满足特殊工艺要求，如提高均匀度，保证照射时的温度控制，减少照射时的氧含量，减少食品在传送、照射和储藏过程中的机械损伤（碰伤），以及为了从经济角度来改进工厂辐射源的利用率，对辐照工厂的设计应十分完善，除了应当规定适宜的辐照类型和剂量范围，还应考虑其他条件和因素的影响。以马铃薯的辐照为例，需要考虑的因素包括是在收获后立即照射还是存放几周后照射，是散装还是包装进行照射，使用的包装材料和容器是什么，照射后是在室温下还是在 10 ℃下进行储存，等等。

对于供卫生安全性实验用的食品辐照条件，应尽可能地与供人消费的食品的辐照条件一致。供动物实验用的食品，其剂量至少应该是商业推广所用的最大剂量。此外，在辐照加工时，还要求某些物理性质，如含水量、氧效力、温度和辐照后的保藏条件，都尽可能与商业推广的条件接近。

辐射消毒的效果取决于产品性质、微生物种系、辐射剂量和辐射后的保藏条件，这些都应该根据需要区别对待。

（二）处理各种产品与样品的剂量

食品在射线作用下吸收剂量不同，发生的变化也不同，吸收剂量的大小对杀虫、灭菌、营养成分的变化、抑制生长发育和新陈代谢的作用有直接影响，关系到辐射保藏的效果，所以必须尽可能准确地测量食品被辐照后所吸收的剂量。

各种不同种类的食品和不同的保藏目的，有各自需要的最佳辐射剂量。FAO/IAEA/WHO 的专家委员会认为：要达到理想的消除病原微生物或植物害虫的检疫要求，关键在于确定一个最低的临界剂量；同时为了达到工艺上的要求，也必须规定最低辐照剂量。为了避免使用过高的辐射剂量使食品产生对人体健康有害的化合物，需要确定一个最高的辐射剂量值。

通常：低剂量照射（低于 10 kGy）用于减少微生物、减少非孢子病原性微生物数和改进食品的工艺品质；高剂量照射（10 ～ 50 kGy）用于商业的消毒和消除病毒。在适当的物理条件下，使用均匀的消毒（辐射完全杀菌）剂量为 10 ～ 70 kGy，似乎不会影响食品供人食用的安全性，公认的剂量限值为 15 kGy，若考虑均匀性，平均剂量值一般为 10 kGy。

（三）综合处理技术分析

食品辐照是一种比传统的物理储藏法更能节约能源的技术，与其他方法相比，如将辐射同其他物理或化学处理方法结合，可以减少一种或两种处理的总剂量或化学试剂用量，达到降低成本、节约能源和提高辐照效果的目的。

低剂量辐射处理与中等程度的加热处理，对防止食品腐败是一种有效和经济的手段。使用高剂量辐射消毒和酶失活的热处理，能够使肉类、家禽和水产品在不需冷冻的情况下储存数年。实验证明，经辐照处理残存下来的细菌，同加热杀菌时一样，对环境条件（如温度、pH、抑制剂）的抗逆能力大体上要比未经过处理的细菌更大一些，因此将辐射处理和其他手段结合起来的综合处理，在提高灭菌能力、减少能耗及改进食品质量等方面具有重要作用。

（1）防腐剂与电离辐射。盐是人类使用的最古老的防腐剂，能增加辐照灭菌的敏感性，辐射时氯化钠可使分生孢子敏化，含碘盐更能增强孢子的敏化能力。射线照射与水杨酸综合处理，对抑制马铃薯和洋葱的发芽有协同作用，用最低剂量就能完全抑制发芽。

（2）加热与电离辐射。将加热和辐射处理结合，既提高了辐射处理（特别是对蛋白质类食品）的防腐效果，又对正常细胞组织的品质没有副作用。各种热带、亚热带水果，借助轻微的加热及低剂量照射，可有效防止真菌病原体引起的水果腐烂；加热和辐射处理花生（65 ℃，500 Gy），能够使某些有毒的真菌，如黄曲霉失去活性；海虾用海水洗净后，经过 2 000 Gy 照射处理，可储藏 35 天，洗净后再加热 5 分钟，相同剂量辐照处理，储藏时间为 35～42 天。辐射处理防治害虫，可联合使用微波、红外线、低剂量药剂，单独采用某种方法效果不明显，多种方法联合使用，可降低辐射剂量，节约成本。

（3）重复照射。应避免对食品进行重复照射。重复照射可使辐射分解物发生累积，但由于其浓度较低，所产生的毒理上的危害较小。重复照射还可导致食品感官性状和营养价值有所下降。避免重复辐照基于以下原因：辐射分解产物浓度是剂量的线性函数；照射后，某些辐射分解产物浓度迅速下降；已确立基于毒理学和其他需要考虑的因素所要求的总体平均剂量。因此，只允许两种情况进行重复照射：被辐照食品是一种经过低剂量辐照的加工食品（如用辐射抑制发芽的洋葱加工成干洋葱）；含有少量辐照过的成分的食品（如含有辐照香料的肉制品和浓缩物）。在这两种情况下，最终产品中形成的辐射产物都是微不足道的。要注意的是，将需要照射的总剂量分为多次照射不应该被看成重复照射。

（4）包装材料。在辐照过程中，食品的包装材料对辐射的效果有一定影响。多年实验表明，可用的包装材料和容器有两类：可靠的金属容器、轻的多层薄膜包装材料。对金属容器有四方面的要求：①合适地控制制罐设备，确保无缝隙；②尽量采用冷工艺；③用无污染的冷却水；④掌握最低限度的物理损伤。

对于轻的多层薄膜包装材料，要充分考虑高分子材料耐受辐射的剂量水平。在射线作用下，高分子会发生一系列反应，包括交联、降解、形成双键、放出气体和氧化作用等。常用于食品包装的高分子材料耐辐射性能由高到低的顺序为：聚苯乙烯＞聚对苯二甲酸乙二酯＞醋酸纤维素＞聚乙烯＞玻璃纸。含卤素的材料如聚氯乙烯、聚偏二氯乙烯等在辐照过程中会放出游离的卤素，影响食品的口感和味道，一般不采用含卤聚合物作为包装材料。经多年世界性的研究证明，辐射保藏是一种安全有效的技术。目前，世界上已有许多国家进行开发性研究。

三、辐射杀虫技术的应用

辐射杀虫（radioactive killing insect pest）利用电离辐射防治虫害，其辐射效应与剂量有关，其生物效应在适当剂量时可导致昆虫生殖细胞染色体易位，受到损害，使当代受辐射的昆虫部分丧失延续后代的能力（遗传不育），并可遗传到下一代，使下一代比当代更不育，这种剂量称为半不育剂量。高于这种剂量，使昆虫当代完全不育，称为不育剂量。当辐射剂量再提高时，害虫就不能完成世代交替，而会慢慢地死去，达到防治目的，这种剂量称为缓期致死剂量。当辐照剂量更高时，害虫可在短时间内直接死去，这种剂量称为致死剂量。

辐射防治害虫，特别是昆虫辐射不育技术（SIT）是一种"以虫治虫"的生物防治方法，不会对人类的生态环境产生消极影响。它与传统的生物防治法不同，它不借助天敌或抑制物（如细菌微生物、病毒、抗生素等），而利用害虫本身具有的延续种族的特性来取得消灭害虫的效果。

（一）辐射不育治虫技术分析

辐射防治害虫技术考虑的因素有防治对象的选择、适宜剂量和照射方法、人工饲养、包装运输和大田释放，以及害虫的种群动态、迁飞能力与防治效果等。

（1）防治对象的选择。防治对象必须满足以下条件：①能够建立大规模饲养方法，经济合理；②释放的不育雄虫能够在野外种群中充分分散；③不育处理不应对不育性雄虫的交配行为有不良影响，不育性雄虫具有与野生种群的雄虫一样的生命活力和交配竞争力，对觅食和寿命均无不利影响；④雌虫是单配性的，如果是多配性，则不育性雄虫的精子与野生雄虫的精子一样，具有受精竞争力；⑤种群密度本身低，或者害虫的自然种群数量在某个时期明显减少。

另外：害虫分布地区具有地理隔离作用，具有防止害虫由邻近地区迁徙来的自然屏障；释放的不育性昆虫必须对人、动物和植物无害；对该种昆虫的生态学和生物学必须详细。辐射不育治虫要求不育性雄虫比自然雄虫的数量更多，越多越好，因此培养不育雄虫的成本是一个重要的考虑因素。不育性雄虫释放到自然界后，要具有生命力旺盛、很高的分散性和强烈地追求雌虫的能力，如果不具有这些特点，就不适合辐射防治法。

（2）适宜剂量和照射方法。快中子等的辐射都能导致昆虫不育。辐射不育的剂量就是导致昆虫不育的吸收剂量，是指昆虫辐照导致完全不育时，昆虫虫体单位质量所吸收的辐射能量。一般双翅目为 20～90 Gy，鞘翅目为 24～120 Gy，鳞翅目为 250～500 Gy。同一目的不同科，绝育剂量相差很大，如双翅目昆虫中，一般蚊类的绝育剂量要比蝇类高得多。

为了抑制被照射害虫的生育期和避免在照射时蛹羽化的成虫互相碰撞而受伤，一般采用 0～2 ℃低温抑制，然后进行辐照。不同的昆虫，不同虫态、不同发育阶段、不同性别对各种射线的辐射敏感性不同，一般发育早期较敏感。在确定使用射线的种类和适宜照射剂量的前提下，选择其对生殖细胞最敏感而对体细胞损害最小、对交配竞争力影响较低的时期，用最佳的照射剂量进行照射，则可取得较理想的效果。

（3）辐射半不育防治害虫。有些昆虫需要很高的剂量才能导致不育，如鳞翅目害虫的绝育照射剂量为 3.82×10^{11}～4.77×10^{11} Bq·kg^{-1}。若用此照射量去辐照昆虫，虽可导致不育，但对体细胞损伤也大，严重影响其生活能力和交配能力。这就要求降低照射量，采用半不育照射量辐照昆虫，其后代只有 50 %～70 % 的卵不能引起孵化，但孵化的卵（F_1）生长发育后仍为高度不育，如同雄虫不育一样，也能达到控制昆虫种类的目的。

采用半不育方法防治害虫的条件应当考虑：①害虫经过最大半不育照射量辐照后，既不影响寿命，也不降低生命力和交配能力；②半不育照射量对大多数雄虫不育，而对雌虫而言必须是绝育的或接近绝育的，处理后的雌虫与正常雄虫产生后代，其中少数能够孵化，生命力也弱，危害程度低，这样可以用混合蛹辐照后释放，从而避免人工饲养过程大量区分雌雄蛹的困难，将半不育雄虫和绝育雌虫同时释放到自然界中去，以控制害虫的数量；③半不育照射量对害虫而言，F_1 代要比亲代更不育，理想的是亲代半不育、F_1 代绝育。

（4）辐射对昆虫细胞遗传和生殖生理的影响。各种细胞对辐射的敏感性各不相同，正处在生长分裂状态的细胞组织对辐射比停止生长的细胞组织敏感，生殖细胞比体细胞敏感，生殖细胞发育早期比成熟期敏感。组成细胞的各个部分对辐射的敏感性也不同，细胞核要比细胞质敏感。辐射效应主要发生在细胞核中，细胞在辐射作用下，染色体受损伤，有丝分裂、减数分裂及细胞分化被抑制或停止，出现细胞核的固缩。

辐射突变可以分为两类：一类为基因突变；另一类是染色体畸变。在低剂量照射下，突变一般由一次击中产生；在高剂量照射下，突变由多次击中所产生。生殖细胞的突变频率，在一定范围内随辐照剂量的加大而增加，超过这个范围，就会导致细胞死亡。显性致死突变是辐射突变的一种，不同种类的昆虫，引起这种突变的照射量是不同的。

①辐射对雌性昆虫生殖腺的作用。在低剂量下，卵巢的发育受到抑制，产卵不减少，卵的孵化率下降；在高剂量作用下，卵巢功能停止，逐渐退化，卵原细胞和滋养细胞核被破坏，产卵量减少，甚至不产卵。卵原细胞在形成卵的初期对射线的敏感性高，受到大剂量照射时，卵的形成就完全停止，若滋养细胞被射线所损伤，则影响卵的正常发育。卵形成末期对射线的抵抗力增强，就算受到高剂量照射，卵也能成熟。

②辐射对雄性虫生殖腺的作用。一般雄虫不同发育阶段的生殖细胞对辐射敏感性也不同，如玉米螟、桃小食心虫精子的精原细胞对辐射最敏感，精母细胞、精子细胞次之，成熟精子具有对辐射最强的抵抗性。

昆虫幼虫期，雄性生殖腺处于形成精子早期，即精原细胞时期，受到一定照射量的射线照射后，生殖细胞完全被破坏，成虫就没有精子，但此时体细胞亦处于分化成长阶段，同样受到射线损伤。所以，大多数昆虫在羽化前就已经死亡。昆虫蛹期，精子正处于形成过程中，受到一定量的照射后，精子失去活性，即失去活动能力和受精能力，这种雄虫进行交配后，即使将精子送到雌虫体内，也不受精。昆虫羽化前，即使在昆虫精子成熟期进行照射，也可使精子发生显性致死突变，在此情况下，精子虽有受精竞争能力，但受精卵不能正常分裂和发育，就会在胚胎发育过程中死亡，或在孵化后死亡，这是辐射不育的技术基础。

辐射使染色体断裂，对染色体具有单着丝点结构的双翅目、膜翅目昆虫而言，雄虫辐照后，因染色体断裂而产生的缺失和染色体桥带进受精卵，导致合子染色体不平衡，合子第一次、第二次有丝分裂就受阻停顿，引起胚胎早期死亡。但对具有全着丝点（漫散着丝点）结构鳞翅目昆虫而言，雄虫经辐照后，染色体断裂部分不能形成缺失，也不能形成染色体桥，而是全部进入受精卵中，并在细胞分裂时，断裂的染色体以易位的形式重新组合，因而部分染色体得到修复。在胚胎发育的早期阶段容易通过，而在晚期才死亡。换言之，染色体的显性致死突变，对具有单着丝点结构的昆虫而言发生在胚胎早期，而对全着丝点昆虫而言则发生在胚胎后期。另外，因为染色体具有全着丝点结构，大部分与纺锤体相连，要使染色体断裂，就需要较大的能量，所以鳞翅目昆虫的辐射不育辐射量、致死照射量均比双翅目、膜翅目昆虫高，特别是全着丝点结构的染色体断裂后，还可以以易位的方式重新组合，这种易位可使子代产生高度不育，这就成为降低照射量应用半不育技术消灭鳞翅目害虫的依据。

（二）辐射不育杀虫技术的特征

（1）无环境污染，有利于生态平衡。辐射不育是一种生物防治方法，无化学残毒，对农作物与生态环境完全没有影响，并且不危害人畜、野生动物、害虫天敌和有益昆虫，是一种十分安全卫生的防治方法。

（2）专一性强，目标明确。只防治一种特定的昆虫，不会伤害其他昆虫。

（3）防治持久而彻底。辐射不育可在大范围内灭绝一种害虫。如果不再从其他地区迁入这种害虫，就可长期保持农作物（也包括畜牧业、林业）免遭侵害。

（4）特殊效果。对自然隐蔽性强（有钻蛀习性）的害虫，或已产生抗药性的害虫，或一般防治有困难的害虫，采用辐射不育可以取得特殊效果。

（5）经济效益显著。因为防治效果持久，而且可能达到根除害虫的目的，所以受益具有长期性。例如，螺旋蝇的防治与根绝，辐射不育的技术效益与成本之比可达到 50：1。

（6）一次性投资高。昆虫辐射不育需要人工饲养大量昆虫，并进行大田或野外释放。饲养过程中的人力、物资与装备（饲料、辐射源等）花费，以及释放的运输设备、人员投入等都很大。然而，从长期取得的效果来权衡，启动基金的投入是有价值的。

由于辐射不育治虫技术在原理上要求不育性雄虫比自然雄虫具有更大的数量，可以说是一个数量的胜负问题，释放不育性雄虫与野生正常雄虫的比例越高，效果越好。为此应该建立大规模的养虫工厂，以低廉的代价获得大量人工饲养的、合格的、经辐射后具有不育性的昆虫，这是关系到此项技术效果的首要问题。因此，对那些不能大量饲养或虽能大量饲养但成本昂贵的昆虫，此方法是不适宜的[①]。

第三节　核技术工程在工业领域中的应用

核科学发展至今，以核技术应用为支撑的产业在国外已经成为国民经济的支柱性产业之一。在我国，核技术在国防建设、工业、农业、材料科学、环境保护等领域，获得了广泛的应用。核技术在工业领域中的应用可分为辐射加工、工业测厚、在线成分分析、同位素示踪、放射分析法、核测井、同位素仪表等。

其中，辐射加工是指利用 γ 射线和加速器产生的电子束辐照被加工物体，使其品质或性能得以改善的过程。辐射加工可以获得优质的化工材料、储存和保鲜食品、消毒医疗器材、处理环境污染物等，是 20 世纪 70 年代的一门新技术，也称辐射工艺。在高分子材料辐射改性、食品辐照保藏、卫生医疗用品的辐射消毒等方面，有一些国家实现了工业化和商业化。

工业测厚最初是用刻度尺来测量的，后来慢慢发展为用千分尺、超声波

---

①罗顺忠. 核技术应用 [M]. 哈尔滨：哈尔滨工程大学出版社，2015：265-301.

及放射性物质测厚。随着工业自动化的发展，激光测厚仪出现，解决了工业上的很多问题，生产的效率得到迅猛提高。工业自动化已经成为必然发展趋势，影响它的主要因素就是控制过程及检测设备，而激光传感器的应运而生，暂时解决了相关需求。但是，随着现代化的发展，激光测厚仪也会慢慢显示出它的缺点。

成分分析技术主要用于对未知物、未知成分等进行分析，该技术可以快速确定（最快的为激光飞秒检测，通过观测分子、原子、电子、原子核、官能团等粒子飞秒级的振动、能级跃迁，可以很方便地判断物质组成和含量）目标样品中的各种组成成分，对样品进行定性定量分析，鉴别橡胶等高分子材料的材质、原材料、助剂、特定成分及含量、异物等。

同位素示踪技术（isotopic tracer technique）是利用放射性同位素或经富集的稀有稳定核素作为示踪剂，研究各种物理、化学、生物、环境和材料等领域中的科学问题的技术。示踪剂是由示踪原子或分子组成的物质。示踪原子（标记原子）是其核性质易于探测的原子。含有示踪原子的化合物，称为标记化合物。理论上，几乎所有的化合物都可被示踪原子标记。一种原子被标记的化合物，称为单标记化合物；两种原子被标记的化合物，则称为双标记化合物（如 $^2H_2^{18}O$）。

放射免疫分析法是利用同位素标记的抗原与未标记的抗原同抗体发生竞争性抑制反应的放射性同位素体外微量分析方法，又称竞争性饱和分析法。其是将检测放射性的高灵敏度与抗体抗原结合反应的惊人的特异性结合在一起的微量分析法。这种方法的优点是灵敏、特异、简便易行、用样量小，常可测至皮摩尔量级；缺点是有时会出现交叉反应、假阳性反应，组织样品处理不够迅速，不能灭活降解酶和盐，有时会影响结果。

放射性测井又称核测井，是以地层和井内介质的核物理性质为基础的地球物理方法。测井时，用探测器在井中连续测量由天然放射性核素或由人工激发产生的核射线，以计数率或标准化单位记录射线强度随深度的变化，也可直接转换成测井分析所需的地球物理参数，以更直观的形式进行记录。这类测井方法可在裸眼井和套管井中测定岩性、进行地层评价、观察油田开发动态和研究油井的工程质量。放射性测井主要包括自然伽马、自然伽马能谱、密度、岩性 - 密度、中子伽马、中子寿命、中子非弹性散射伽马能谱、中子活化等测井方法。

同位素仪表又称核辐射式检测仪，是利用放射性同位素和核辐射对非电参数进行检测和控制的仪器仪表。同位素仪表的原理是利用辐射与物质相互作用时发生的吸收、散射线或电离、激发等效应，取得有关物质的信息。同位素仪表已广泛用于工业、农业、国防、医学、环境保护及科研等领域。

在工业领域，特别是辐射加工领域内，辐射剂量学（包括电离辐射计量）对确保研究成果的可比性和可溯源性，确保产品的质量、优化设计等方面起着非常重要的作用。

辐射加工可用于高分子材料的辐射聚合和辐射改性、食品的辐射处理、环境污染物的辐射处理、医疗用品的辐射消毒等方面。用于辐射加工的辐射源有高活度的 γ 源（主要是 ^{60}Co、^{137}Cs γ 源）、不同能量的电子加速器、高能 X 射线发生器等。随着加速器技术的发展，单脉冲加速器（每爆发一次，脉冲剂量可为 10～100 kGy）也被用于辐射加工行业。未经化学处理的"乏燃料棒"亦可作为辐射加工用的辐射源。不同种类、不同能量的射线与物质的相互作用机理不同，要达到同样的加工目的，其吸收剂量是完全不同的。

因此，需要研究不同材料在不同种类、不同能量的射线的照射下，在不同空间的吸收剂量的精确测量方法，以便能够用最小的代价获取最大的利益。受各种因素的制约，目前国内在吸收剂量的精确测量技术研究领域，还与国外先进水平有不小的差距，主要体现在利用照射量或者空气比释动能来估算不同材料中的吸收剂量方面。这可能导致两个方面的问题：一是照射不足或过量照射；二是照射不均匀。两者都将影响最终产品的质量。

在高分子材料的辐射聚合和辐射改性过程中，精确的剂量测量十分关键。辐射交联在通信电缆接续的热可塑附件的生产中得到了成功的应用。为达到辐射交联的目的，产品接受的剂量应为 10^5～10^6 Gy。当用高能 γ 射线照射有一定厚度的产品时，产品迎射束的表面由于没有达到带电离子平衡而"剂量供应"不足，从而影响整个产品质量，乃至使产品合格率下降。产品接受吸收剂量无助于产品质量甚至适得其反，且浪费资源，提高造价。用高能电子辐照样品时，吸收剂量更难均匀。所以，从剂量学角度来看，产品的剂量均匀性还有很大的研究空间。

在辐射灭菌方面，照射剂量为 $10^4 \sim 7 \times 10^4$ Gy 时对确保灭菌质量起非常关键的作用。国外发达国家针对不同的食品、药品或医疗垃圾，建立了不同种类、不同能量射线照射不同物品所需要的剂量曲线和完整的剂量数据库。我国在这方面也进行过一些研究，建立了一些照射剂量曲线，但很不完整，在很多情况下，也是通过估算来确定照射剂量的，照射物品的质量很难完全达到预期。以剂量学手段来监控质量还有很大的运作空间。

针对辐射加工中的剂量测量问题，美国材料与试验协会（American Society for Testing and Materials, ASTM）已建立起用于辐射加工的热释光剂量测量系统及相关标准。笔者建议建立此标准，另外建议用薄膜热释光元件对电子加速器产生的电子所致吸收剂量分布进行测量，并研制薄膜剂量元件，进行大批量生产，同时解决辐射标签问题。通过建立相关标准、测量方法和完整的数据库，解决辐射加工中剂量的精确测定问题，提高产品质量，降低生产成本。

利用放射性同位素的 β、γ、X、中子射线通过物质的减弱、吸收、散射特性制成各种工业用同位素测量装置，以实现生产过程中的自动实施测量，达到控制产品质量、测定相关参数的目的。剂量学也是这方面的应用基础，还需要进行系统的研究。核技术工业应用中的辐射剂量尚需引起行业内足够的重视。通过人才培养、技术研究、学术交流等，建立并推广相应的测量方法、技术标准、完整的基础剂量数据库，提高整个行业的质量和效益，促进产业健康快速发展[1]。

---

①薛岳，徐广铎. 中国核技术应用产业发展现状 [J]. 同位素，2021，34（02）：97-103.

第四节　核技术工程在人工智能领域的应用

随着我国经济的飞速发展，我国科学研究部门投入了大量的经济和精力，致力于研究人工智能技术。实际上，人工智能的研究是具有高度专业性的，并且人工智能技术就如同人的神经一样，分为多个不同的分支，每个分支都是各不相同的。因此，我们在研究每个分支的时候，需要有针对性地深入研究每个分支的特点，但是对于其中神经、模糊神经及遗传等重要算法，就本质而言，都可以看成是一种特殊的神经控制器，既利于从整体上进行直观性的了解，也利于从控制策略方面进行统一开发，因此在设计的过程中必须注意以下几个方面。

第一，在设计之前，我们首先需要为准备控制的对象设计一定的模型结构，因为目前阶段我们无法确定整个模型的具体参数，所以具体的数据是由一些具体的实际情况和不确定的因素共同组成的。这些非线性的信息都是不确定的，这使得人工智能技术能够很好地控制每个环节，从而能够使人工智能控制器很好地解决一些具体的实际问题和精确地掌握控制对象。

第二，人工智能控制器的设定往往可以根据具体的实际情况而定，如具体的响应时间、下降时间等重要因素，因为这些数据都不是固定不变的，有的时候可以通过适当的调整来有效地提升自身的综合性能。

第三，相比传统的技术，人工智能控制器的调节会更加容易。使用人工智能控制器不需要进行周期性的培训，因此在没有经过详细的技术培训时，也能够在一定程度上通过实际的数据信息等对其进行设计，操作起来也十分简捷。

通常情况下，人工智能技术在核工程中的应用主要集中在一些核电站设备和系统的研究和开发方面。其中，最为主要的是系统的故障诊断、系统运行的控制和自动化的运行方式，以及维修整个系统等。这些方面基本上不涉及自动化的控制领域，但是在系统的可靠性分析方面、核电站的概率安全评价条件方面、核电站的审批流程领域，也能够取得一定的进步和发展，并且针对这一现象中的弊端开发研究出一些相对完善的专业性系统。

从本质上来说，人工智能技术的使用首先需要建立一个模型，其次通过对这个模型的各种实验来测算出相应的标准参数值，以此来了解在实际运用过程中遇到的问题，并能够解决问题。模型的建立自然离不开计算机技术的应用，这就好比一个人工神经网络。众所周知，我们身体当中的每个部位都有神经，一旦哪个部位出现了问题，神经都会第一时间反馈给大脑。人工智能系统也有一个人工神经网络，并且有处理大规模信息的能力，能够模仿人的动作行为和思维模式，针对不同的状况给予不同的应答。这都由科学家将特定的程序输入系统，然后经过大量的训练，让其形成一种条件反射，这样就能利用相关的数据对故障信息进行一定的诊断，最终达到人工智能的目的。

目前的人工智能技术在核工程当中的应用仍然处于系统研究的阶段，因此在设计出比较完美的专业性系统之前，我们需要对其中的一些数据信息及核电站的具体尺寸反复地进行模拟试验，这也是对系统的一种检测，以确定其能在后续中顺利运行。其中，最为突出的是系统故障的诊断。在核电站的运行过程中，如果我们能够提前对系统出现的故障做出正确判断，那么这样就可以在系统出现问题之前想出解决的措施，同时也为相应的操作人员采取补救措施提供一定的有利条件，避免事故发生。因此，为了防止事故发生，我们必须做充足的准备工作，只有这样才能够确保系统的每个环节发挥其重要的功能。根据相关的资料信息，故障的诊断系统大致可以分为两大类：一类是用于监测核电站的实际运行状况；另一类则是监测核电站和系统的诊断工作。其中，主要是发电机的监视和诊断、一些松动部件的监视，以及一些主要设备元器件的监视和诊断工作。在监视和诊断的过程中一旦发生故障，就能及时给出应答。

随着我国科学技术的不断发展和进步，人工智能技术也逐渐被大多数人熟知，并且目前已经广泛应用于我们生活中的各个领域。随着人工智能技术的不断开发和研究，其在核工程领域的应用已经取得了显著的成效。但是，人工智能技术在核工程领域中的应用仍然存在一定的局限性，大部分集中在设备的故障诊断、设备的操作及机器的维修等方面。[①]

---

①葛宝英，蒋浩然. 核工程中人工智能技术的应用与进展 [J]. 商品与质量，2019（51）：5.

结束语

　　我国核技术应用行业经过多年的发展，已涉及多个领域。作为国家重点支持的战略性新兴产业，核技术应用本身在不断发展，应用领域的范围也在不断扩大。在我国核电建设快速发展的背景下，与其密切相关的核技术应用将随着人们对核科技认知程度的不断提升，逐步渗透到经济社会的更多领域，迎来跨越式发展。本书总结了我国核技术在工业、医学、农业和社会安全等领域应用的整体发展情况及近年来取得的最新进展，并对上述领域的技术水平、产业规模及发展前景进行了分析，结合核技术应用发展所面临的形势，展望了我国核技术应用产业的发展前景及趋势。

参考文献

[1] 曹金亮，李斌. 电磁流量计空管检测方法研究 [J]. 仪器仪表学报，2006（06）：643-647.

[2] 曹颖逾，郭建友. 原子核电荷半径的研究 [J]. 物理学报，2020，69（16）：65-71.

[3] 丁松，周帆，卢威，等. 核反应堆压力容器自动超声检测幻象波成因分析及消除方法 [J]. 压力容器，2019，36（11）：65-69，12.

[4] 杜祥琬. 让核技术为国家可持续发展再创辉煌 [J]. 中国工程科学，2008（01）：9-11.

[5] 葛宝英，蒋浩然. 核工程中人工智能技术的应用与进展 [J]. 商品与质量，2019（51）：5.

[6] 郭爱华，徐建平. 核电站流量仪表的市场准入与质量鉴定 [J]. 工业计量，2011，21（06）：21-24，56.

[7] 郭之虞，王宇钢，包尚联. 核技术及其应用的发展 [J]. 北京大学学报（自然科学版），2003（S1）：82-91.

[8] 何西扣，刘正东，赵德利，等. 中国核压力容器用钢及其制造技术进展 [J]. 中国材料进展，2020，39（Z1）：509-518，557.

[9] 黄标. 核技术应用的辐射安全与防护分析 [J]. 中国资源综合利用，2021，39（02）：143-145.

[10] 黄丹平，廖俊必，杨光明，等. 新型机载质量流量计的信号检测与处理技术 [J]. 仪器仪表学报，2009，30（06）：1301-1306.

[11] 黄娟，兰有胜. 温度计的正确使用及校正 [J]. 物理教学，2004，26（07）：41-42.

[12] 黄磊，耿艳峰，于云华，等. 科氏流量计相位差检测方法的改进 [J]. 仪表技术与传感器，2017（10）：50-54.

[13] 黄宗仁，王明利，李峰. 反应堆冷却剂系统流量测量试验研究与设计 [J]. 核动力工程，2021，42（02）：193-196.

[14] 刘春泉，罗克勇，虞秋成，等. 我国核技术在农业上的应用及前景 [J]. 江苏农业科学，2005（02）：11-13.

[15] 刘刚，李淼，俞汉青，等. 核技术及其在环境保护上的应用 [J]. 环境工程，2008，26（06）：91-95，6.

[16] 刘亚锋，山宝琴. 我国核技术的农业应用 [J]. 安徽农业科学，2007（17）：5044-5045.

[17] 荣健，刘展. 先进核能技术发展与展望 [J]. 原子能科学技术，2020，54（09）：1638-1643.

[18] 时长娥，吴峻，朱欣华. 智能差压式流量计二次仪表设计 [J]. 电子器件，2008（02）：615-618.

[19] 孙保华. 原子核电荷改变反应截面的测量及电荷半径 [J]. 科学通报，2020，65（34）：3886-3897.

[20] 王骄亚，周新建，陈冬雷，等. 核电厂反应堆冷却剂压力边界完整性监测要求的探讨 [J]. 自动化仪表，2015，36（11）：70-73.

[21] 王学枫，金善一. 发电厂压力检测仪表选型 [J]. 煤炭技术，2004（08）：118.

[22] 熊渊博，洪力. 核压力部件缺陷全息无损检测的有限元分析 [J]. 湖南大学学报（自然科学版），2000（04）：17-21.

[23] 徐步进. 核技术与农业 [J]. 中国科学基金，2004（03）：12-15.

[24] 薛岳，徐广铎. 中国核技术应用产业发展现状 [J]. 同位素，2021，34（02）：97-103.

[25] 张凡，王鄂，关贵明，等. 不同核温度计对核温度同位旋效应的影响 [J]. 沈阳师范大学学报（自然科学版），2019，37（06）：539-542.

[26] 张久云，李世武. 湿蒸汽流量仪检测与标定系统的研制 [J]. 化工自动化及仪表，2010，37（06）：35-38.

[27] 张永发，蒋立志，焦猛，等. 考虑冲击的核动力装置温贮备系统可靠性模

型 [J]. 系统工程与电子技术，2021，43（07）：2005-2010.

[28] 赵荣华，易元琼，李永强，等. 518 个糖尿病处方统计分析 [J]. 云南中医学院学报，1997（02）：21-24.

[29] 周小红，颜鑫亮，涂小林，等. 原子核质量的高精度测量 [J]. 物理，2010，39（10）：659-665.

[30] 罗顺忠. 核技术应用 [M]. 哈尔滨：哈尔滨工程大学出版社，2015.

[31] 夏虹. 核工程检测技术 [M]. 2 版. 哈尔滨：哈尔滨工程大学出版社，2017.

[32] 阎昌琪，丁铭. 核工程概论 [M]. 哈尔滨：哈尔滨工程大学出版社，2018.